数字建筑理论与实践

袁正刚　尤　完　郭中华　著

中国建筑工业出版社

图书在版编目（CIP）数据

数字建筑理论与实践／袁正刚，尤完，郭中华著
．—北京：中国建筑工业出版社，2021.12
（新型建造方式与工程项目管理创新丛书；分册10
）

ISBN 978-7-112-26765-1

Ⅰ．①数… Ⅱ．①袁…②尤…③郭… Ⅲ．①数字技
术—应用—建筑设计—研究 Ⅳ．①TU201.4

中国版本图书馆CIP数据核字（2021）第211087号

　　在建筑产业数字化变革的浪潮中，建设单位、设计单位、施工单位等建筑产业链的各方主体和生态合作伙伴都将面临数字化转型的挑战。置身于建筑业高质量发展的大背景下，数字建筑的概念具有多个维度的丰富内涵。本书以建筑产品数字化设计、智能化建造及建筑产业互联网生态为主线，阐述数字建筑架构体系和整体解决方案。本书的主要内容包括数字建筑概论、数字建筑三重境界、建筑产品数字化设计、建筑产品智能化建造、建筑产业互联网生态与数字化变革、数字建筑多元化整体解决方案、数字建筑解决方案实践案例等。

　　本书可供工程建设领域技术和管理人员、大专院校师生和对数字建筑感兴趣的读者学习参考。

责任编辑：毕凤鸣
版式设计：锋尚设计
责任校对：赵　菲

新型建造方式与工程项目管理创新丛书　分册10

数字建筑理论与实践

袁正刚　尤　完　郭中华　著

*

中国建筑工业出版社出版、发行（北京海淀三里河路9号）
各地新华书店、建筑书店经销
北京锋尚制版有限公司制版
北京富诚彩色印刷有限公司印刷

*

开本：787毫米×1092毫米　1/16　印张：13　字数：237千字
2023年8月第一版　　2023年8月第一次印刷
定价：**49.00**元
ISBN 978-7-112-26765-1
　　　（38592）

课题研究及丛书编写指导委员会

周金虎　宏盛建业投资集团有限公司董事长

杜　锐　山西四建集团有限公司董事长

笪鸿鹄　江苏苏中建设集团董事长

葛汉明　华新建工集团有限公司副董事长

吕树宝　正方圆建设集团董事长

沈世祥　江苏江中集团有限公司总工程师

李云岱　兴润建设集团有限公司董事长

钱福培　西北工业大学教授

王守清　清华大学教授

成　虎　东南大学教授

王要武　哈尔滨工业大学教授

刘伊生　北京交通大学教授

丁荣贵　山东大学教授

肖建庄　同济大学教授

课题研究及丛书编写委员会

主　任：肖绪文　中国工程院院士、中国建筑集团首席专家

　　　　吴　涛　中国建筑业协会原副会长兼秘书长、山东科技大学特聘教授

副主任：贾宏俊　山东科技大学泰安校区副主任、教授

　　　　尤　完　北京工程管理科学学会副理事长、中建协建筑业

　　　　　　　　高质量发展研究院副院长、北京建筑大学教授

　　　　白思俊　中国（双法）项目管理研究委员会副主任、西北工业大学教授

　　　　李永明　中国建筑第八工程局有限公司党委书记、董事长

委　员：赵正嘉　南京市住房城乡和建设委员会原副主任

徐　坤　中建科工集团有限公司总工程师

刘明生　陕西建工控股集团有限公司党委常委、董事、副总经理

王海云　黑龙江建工集团公司顾问总工程师

王永锋　中国建筑第五工程局华南公司总经理

张宝海　中石化工程建设有限公司EPC项目总监

李国建　中亿丰建设集团有限公司总工程师

张党国　陕西建工集团创新港项目部总经理

苗林庆　北京城建建设工程有限公司党委书记、董事长

何　丹　宏盛建业投资集团公司总工程师

李继军　山西四建集团有限公司副总裁

陈　杰　天一建设集团有限公司副总工程师

钱　红　江苏省苏中建设集团股份有限公司副总裁

蒋金生　浙江中天建设集团有限责任公司总工程师

安占法　河北建工集团总工程师

李　洪　重庆建工集团股份有限公司副总工程师

黄友保　安徽水安建设集团股份有限公司总经理

卢昱杰　同济大学土木工程学院教授

吴新华　山东科技大学工程造价研究所所长

课题研究与丛书编写委员会办公室

主　任：贾宏俊　尤　完

副主任：郭中华　李志国　邓　阳　李　琰

成　员：朱　彤　王丽丽　袁金铭　吴德全

丛书总序

2021年是中国共产党成立100周年，也是"十四五"期间全面建设社会主义现代化国家新征程开局之年。在这个具有重大历史意义的年份，我们又迎来了国务院五部委提出在建筑业学习推广鲁布革工程管理经验进行施工企业管理体制改革35周年。

为进一步总结、巩固、深化、提升中国建设工程项目管理改革、发展、创新的先进经验和做法，按照党和国家统筹推进"五位一体"总体布局，协调推进"四个全面"战略布局，全面实现中华民族伟大复兴"两个一百年"奋斗目标，加快建设工程项目管理资本化、信息化、集约化、标准化、规范化、国际化，促进新阶段建筑业高质量发展，以适应当今世界百年未有之大变局和国内国际双循环相互促进的新发展格局，积极践行"一带一路"建设，充分彰显建筑业在经济社会发展中的基础性作用和当代高科技、高质量、高动能的"中国建造"实力，努力开创我国建筑业无愧于历史和新时代新的辉煌业绩。由山东科技大学、中国亚洲经济发展协会建筑产业委员会、中国（双法）项目管理研究专家委员会发起，会同中国建筑第八工程局有限公司、中国建筑第五工程局有限公司、中建科工集团有限公司、陕西建工集团有限公司、北京城建建设工程有限公司、天一控股有限公司、河南国基建设集团有限公司、山西四建集团有限公司、广联达科技股份有限公司、瑞和安惠项目管理集团公司、苏中建设集团有限公司、江中建设集团有限公司等三十多家企业和西北工业大学、中国科学院大学、同济大学、北京建筑大学等数十所高校联合组织成立了《中国建设工程项目管理发展与治理体系创新研究》课题研究组和《新型建造方式与工程项目管理创新丛书》编写委员会，组织行业内权威专家学者进行该课题研究和撰写重大工程建造实践案例，以此有效引领建筑业绿色可持续发展和工程建设领域相关企业和不同项目管理模式的创新发展，着力推动新发展阶段建筑业转变发展方式与工程项目管理的优化升级，以实际行动和优秀成果庆祝中国共产党成立100周年。我有幸被邀请作为本课题研究指导委员会主任委员，很高兴和大家一起分享了课题研究过程，颇有一些感受和收获。该课题研究注重学习追踪和吸收国内外业内专家学者研究的先进理念和做法，归纳、总结我国重大工程建设的成功经验和国际工程的建设管理成果，坚持在研究中发现问题，在化解问题中深化研究，体现了课题团队深入思考、合作协力、用心研究的进取意识和奉献精神。课题研究内容既全面深入，又有理论与实践相结合，其实效性与指导性均十分显著。

一是坚持以习近平新时代中国特色社会主义思想为指导，准确把握新发展阶段这个战略机遇期，深入贯彻落实创新、协调、绿色、开放、共享的新发展理念，立足于构建以国内大循环为主题、国内国际双循环相互促进的经济发展势态和新发展格局，研究提出工程项目管理保持定力、与时俱进、理论凝练、引领发展的治理体系和创新模式。

二是围绕"中国建设工程项目管理创新发展与治理体系现代化建设"这个主题，传承历史、总结过去、立足当代、谋划未来。突出反映了党的十八大以来，我国建筑业及工程建设领域改革发展和践行"一带一路"国际工程建设中项目管理创新的新理论、新方法、新经验。重点总结提升、研究探讨项目治理体系现代化建设的新思路、新内涵、新特征、新架构。

三是回答面向"十四五"期间向第二个百年奋斗目标进军的第一个五年，建筑业如何应对当前纷繁复杂的国际形势、全球蔓延的新冠肺炎疫情带来的严峻挑战和激烈竞争的国内外建筑市场，抢抓新一轮科技革命和产业变革的重要战略机遇期，大力推进工程承包，深化项目管理模式创新，发展和运用装配式建筑、绿色建造、智能建造、数字建造等新型建造方式提升项目生产力水平，多方面、全方位推进和实现新阶段高质量绿色可持续发展。

四是在系统总结提炼推广鲁布革工程管理经验35年，特别是党的十八大以来，我国建设工程项目管理创新发展的宝贵经验基础上，从服务、引领、指导、实施等方面谋划基于国家治理体系现代化的大背景下"行业治理—企业治理—项目治理"多维度的治理现代化体系建设，为新发展阶段建设工程项目管理理论研究与实践应用创新及建筑业高质量发展提出了具有针对性、实用性、创造性、前瞻性的合理化建议。

　　本课题研究的主要内容已入选住房和城乡建设部2021年软科学技术计划项目，并以撰写系列丛书出版发行的形式，从十多个方面诠释了课题全部内容。我认为，该研究成果有助于建筑业在全面建设社会主义现代化国家的新征程中立足新发展阶段，贯彻新发展理念，构建新发展格局，完善现代产业体系，进一步深化和创新工程项目管理理论研究和实践应用，实现供给侧结构性改革的质量变革、效率变革、动力变革，对新时代建筑业推进产业现代化、全面完成"十四五"规划各项任务，具有创新性、现实性的重大而深远的意义。

　　真诚希望该课题研究成果和系列丛书的撰写发行，能够为建筑业企业从事项目管理的工作者和相关企业的广大读者提供有益的借鉴与参考。

二〇二一年六月十二日

张基尧

中共第十七届中央候补委员，第十二届全国政协常委，人口资源环境委员会副主任
国务院原南水北调工程建设委员会办公室主任，党组书记（正部级）
曾担任鲁布革水电站和小浪底水利枢纽、南水北调等工程项目总指挥

丛书前言

改革开放40多年来，我国建筑业持续快速发展。1987年，国务院号召建筑业学习鲁布革工程管理经验，开启了建筑工程项目管理体制和运行机制的全方位变革，促进了建筑业总量规模的持续高速增长。尤其是党的十八大以来，在以习近平同志为核心的党中央坚强领导下，全国建设系统认真贯彻落实党中央"五位一体"总体布局和"四个全面"的战略布局，住房城乡建设事业蓬勃发展，建筑业发展成就斐然，对外开放度和综合实力明显提高，为完成投资建设任务和改善人民居住条件做出了巨大贡献。从建筑业大国开始走向建造强国。正如习近平总书记在2019年新年贺词中所赞许的那样：中国制造、中国创造、中国建造共同发力，继续改变着中国的面貌。

随着国家改革开放的不断深入，建筑业持续稳步发展，发展质量不断提升，呈现出新的发展特征：一是建筑业现代产业地位全面提升。2020年，建筑业总产值263 947.04亿元，建筑业增加值占国内生产总值的比重为7.18%。建筑业在保持国民经济支柱产业地位的同时，民生产业、基础产业的地位日益凸显，在改善和提高人民的居住条件生活水平以及推动其他相关产业的发展等方面发挥了巨大作用。二是建设工程建造能力大幅度提升。建筑业先后完成了一系列设计理念超前、结构造型复杂、科技含量高、质量要求严、施工难度大、令世界瞩目的高速铁路、巨型水电站、超长隧道、超大跨度桥梁等重大工程。目前在全球前10名超高层建筑中，由中国建筑企业承建的占70%。三是工程项目管理水平全面提升，以BIM技术为代表的信息化技术的应用日益普及，正在全面融入工程项目管理过程，施工现场互联网技术应用比率达到55%。四是新型建造方式的作用全面提升。装配式建造方式、绿色建造方式、智能建造方式以及工程总承包、全过程工程咨询等正在成为新型建造方式和工程建设组织实施的主流模式。

建筑业在取得举世瞩目的发展成绩的同时，依然还存在许多长期积累形成的疑难问题和薄弱环节，严重制约了建筑业的持续健康发展。一是建筑产业工人素质亟待提升。建筑施工现场操作工人队伍仍然是以进城务工人员为主体，管理难度加大，施工安全生产事故呈现高压态势。二是建筑市场治理仍需加大力度。建筑业虽然是最早从计划经济走向市场经济的领域，但离市场运行机制的规范化仍然相距甚远。挂靠、转包、串标、围标、压价等恶性竞争乱象难以根除，企业产值利润率走低的趋势日益明显。三是建设工程项目管理模式存在多元主体，各自为政，互相制约，工程实施主体责任不够明确，监督检查与工程实际脱节，严重阻碍了工程项目管理和工程总体质量协同发展提升。四是创新驱动发展动能不足。由于建筑业的发展长期依赖于固定资产投资的拉动，同时企业自身资金积累有限，因而导致科技创新能力不足。在新常态背景下，当经济发展动能从要素驱动、投资驱动转向创新驱动时，对于以劳动密集型为特征的建筑业而言，创新驱动发展更加充满挑战性，创新能力成为建筑业企业发展的短板。这些影响建筑业高质量发展的痼疾，必须要彻底加以革除。

目前，世界正面临着百年未有之大变局。在全球科技革命的推动下，科技创新、传播、应用的规模和速度不断提高，科学技术与传统产业和新兴产业发展的融合更加紧密，一系列重大科技成果以前所未有的速度转化为现实生产力。以信息技术、能源资源技术、生物技术、现代制造技术、人工智能技术等为代表的战略性新兴产业迅速兴起，现代科技新兴产业的深度融合，既代表着科技创新方向，也代表着产业发展方向，对未来经济社会发展具有重大引领带动作用。因此，在这个大趋势下，对于建筑业而言，唯有快速从规模增长阶段转向高质量发展阶段、从粗放型低效率的传统建筑业走向高质高效的现代建筑业，才能跟上新时代中国特色社会主义建设事业发展的步伐。

现代科学技术与传统建筑业的融合，极大地提高了建筑业的生产力水平，变革着建筑业的生产关系，形成了多种类型的新型建造方式。绿色建造方式、装配建造方式、智能建造方式、3D打印等是具有典型特征的新型建造方式，这些新型建造方式是建筑业高质量发展的必由路径，也必将有力推动建筑产业现代化的发展进程。同时还要看到，任何一种新型建造方式总是与一定形式的项目管理模式和项目治理体系相适应的。某种类型的新型建造方式的形成和成功实践，必然伴随着项目管理模式和项目治理体系的创新。例如，装配式建造方式是来源于施工工艺和技术的根本性变革而产生的新型建造方式，则在项目管理层面上，项目管理和项目治理的所有要素优化配置或知识集成融合都必须进行相应的变革、调整或创新，从而才能促使工程建设目标得以顺利实现。

随着现代工程项目日益大型化和复杂化，传统的项目管理理论在解决项目实施过程中的各种问题时显现出一些不足之处。1999年，Turner提出"项目治理"理论，把研究视角从项目管理技术层面转向管理制度层面。近年来，项目治理日益成为项目管理领域研究的热点。国外学者较早地对项目治理的含义、结构、机制及应用等问题进行了研究，取得了较多颇具价值的研究成果。国内外大多数学者认为，项目治理是一种组织制度框架，具有明确项目参与方关系与治理结构的管理制度、规则和协议，协调参与方之间的关系，优化配置项目资源，化解相互间的利益冲突，为项目实施提供制度支撑，以确保项目在整个生命周期内高效运行，以实现既定的管理战略和目标。项目治理是一个静态和动态相结合的过程：静态主要指制度层面的治理；动态主要指项目实施层面的治理。国内关于项目治理的研究正处于起步阶段，取得一些阶段性成果。归纳、总结、提炼已有的研究成果，对于新发展阶段建设工程领域项目治理理论研究和实践发展具有重要的现实意义。

党的十九届五中全会审议通过的《中共中央关于制定国民经济和社会发展第十四个五年规划和二〇三五年远景目标的建议》，着眼于第二个百年奋斗目标，规划了"十四五"乃至2035年间我国经济社会发展的目标、路径和主要政策措施，是指引全党、全国人民实现中华民族伟大复兴的行动指南。为了进一步认真贯彻落实党的十九届五中全会精神，准确把握新发展阶段，深入贯彻新发展理念，加快构建新发展格局，凝聚共识，团结一致，奋力拼搏，推动建筑业"十四五"高质量发展战略目标的实现，由山东科技大学、中国亚洲经济发展协会建筑产业委员会、中国（双法）项目管理研究专家委员会发起，会同中国建筑第八工程局有限公司、中国建筑第五工程局有限公司、中建科工集团有限公司、陕西建工集团有限公司、北京城建建设工程有限公司、天一控股有限公司、河南国基建设集团有限公司、山西四建集团有限公司、广联达科技股份有限公司、瑞和安惠项目管理集团公司、苏中建设集团有限公司、江中建设集团有限公司等三十多家企业和西北工业大学、中国科学院大学、同济大学、北京建筑大学等数十所高校联合组织成立了《中国建设工程项目管理发展与治理体系创新研究》课题，该课题研究的目的在于探讨在习近平新时代中国特色社会主义思想和党的十九大精神指引下，贯彻落实创新、协调、绿色、开放、共享的发展理念，揭示新时代工程项目管理和项目治理的新特征、新规律、新趋势，促进绿色建造方式、装配式建造方式、智能建造方式的协同发展，推动在构建人类命运共同体旗帜下的"一带一路"建设，加速传统建筑业企业的数字化变革和转型升级，推动实现双碳目标和建筑业高质量发展。为此，课题深入研究建设工程项目管理创新和项目治理体系的内涵及内容构成，着力探索工程总承包、全过程工程咨询等工程建设组织实施方式对新型建造方式的作用机制和有效路径，系统总结"一带一路"建设的国际化项目管理经验和创新举措，深入研讨项目生产力理论、数字化建筑、企业项目化管理的理论创新和实践应用，从多个层面上提出推动建筑业高质量发展的政策建议。该课题已列为住房和城乡建设部2021年软科学技术计划项目。课题研究成果除《建设工程项目管理创新发展与治理体系现代化建设》总报告之外，还有我们著的《建筑业绿色发展与项目治理体系创新研究》以及由吴涛著的《"项目生产力论"与建筑业高质量发展》，贾宏俊和白思俊著的《建设工程项目管理体系创新》，校荣春、贾宏俊和李永明编著的《建设项目工程总承包管理》，孙丽丽著的《"一带一路"建设与国际工程管理创新》，王宏、卢昱杰和徐坤著的《新型建造方式与钢结构装配式建造体系》，袁正刚等著的《数字建筑理论与实践》，宋蕊编著的《全过程工程咨询管理》《建筑企业项目化管理理论与实践》，张基尧和肖绪文主编的《建设工程项目管理与绿色建造案例》，尤完和郭中华著的《绿色建造与资源循环利用》《精益建造理论与实践》，沈兰康和张党国主编的《超大规模工程EPC项目集群管理》等10余部相关领域的研究专著。

本课题在研究过程中得到了中国（双法）项目管理研究委员会、天津市建筑业协会、河南省建筑业协会、内蒙古自治区建筑业协会、广东省建筑业协会、江苏省建筑业协会、浙江省建筑施工协会、上海市建筑业协会、陕西省建筑业协会、云南省建筑业协会、南通市建筑业协会、南京市城乡建设委员会、西北工业大学、北京建筑大学、同济大学、中国科学院大学等数十家行业协会、行业主管部门、高等院校以及一百多位专家、学者、企业家的大力支持，在此表示衷心感谢。《中国建设工程项目管理发展与治理体系创新研究》课题研究指导委员会主任、国务院原南水北调办公室主任张基尧，第十届全国人大环境与资源保护委员会主任毛如柏，原铁道部常务副部长、中国工程院院士孙永福亲自写序并给予具体指导，为此向德高望重的三位老领导、老专家致以崇高的敬意！在研究报告撰写过程中，我们还参考了国内外专家的观点和研究成果，在此一并致以真诚谢意！

二〇二一年六月三十日

肖绪文
中国建筑集团首席专家，中国建筑业协会副会长、绿色建造与智能建筑分会会长，中国工程院院士。本课题与系列丛书撰写总主编。

本书前言

在全球新科技革命与新产业革命交互发展的背景下，数字建筑成为建筑产业数字化转型的核心引擎。建筑伴随着数字而演变，数字建筑具有建筑产品数字化设计、建筑产品智能化建造、建筑产业互联网生态等多重含义。数字建筑所表达的理论和呈现的技术内容，既有岗位级的职能点、项目级的流程线、企业级的业务面，更有面向建筑行业级的生态体。数字建筑可以反映数字化建筑产品某一时点的状态，又可以展示建筑企业数字化转型时空变换的过程。

以BIM（建筑信息模型Building Information Modeling）、云计算、大数据、物联网、移动互联网、人工智能、区块链、元宇宙等为代表的新一代信息技术与传统建造技术的融合应用，使建筑产品设计过程、建造过程、运维过程的数字化成为现实。基于数字建筑理念的系统性技术和方法，集成人员、流程、数据、技术和业务系统，实现建筑产品的全过程、全要素、全参与方的数字化、在线化、智能化，构建客户、项目、企业、产业的互联网平台新型生态体系，从而推动以新设计、新建造、新运维为特征的建筑产业数字化变革和转型升级。

党的二十大报告指出，高质量发展是全面建设社会主义现代化国家的首要任务。数字化转型是建筑业实现高质量发展的必由之路。建筑企业数字化转型是一个循序渐进的过程，必须树立系统性的思维，制定系统性的战略。建筑企业在发展理念、组织方式、业务模式和经营手段等方面要建立起从战略到执行的数字化转型落地闭环，以系统性数字化提升建筑企业的掌控力与拓展力，构筑在国内国际双循环新发展格局下的竞争新优势，推动建筑企业实现绿色低碳高质量发展。

　　本书在写作过程中得到中国建筑业协会、北京工程管理科学学会、北京建筑大学、广联达科技股份有限公司、中国石化工程建设有限公司、华胥智源（北京）管理咨询有限公司、《绿色建造与智能建筑》杂志社有限公司、中国建筑出版传媒有限公司等单位学者和专家的大力支持，在此深表谢意！本书的部分内容还引用了国内外同行专家的观点和研究成果，在此一并致谢！对书中的缺点和错误，敬请各位读者批评指正！

二〇二三年一月二十八日

目录

第1章

数字建筑概论

1.1 人类经济发展的三种形态

关于人类经济发展形态的分类方法，有学者认为，从分类学上分析，人类经济形态以产业结构为标准来分类，可分为农业经济、工业经济、知识（高技术）经济等阶段；如果以资源配置为依据来分，可分为劳力经济、资源经济和智力经济。这两类分类方法无实质区别，因为产业结构的特征与本质均取决于资源的配置方式；为便于论述，可采用农业经济、工业经济和知识经济的分类方法。

上述产业结构最终分类均是源自最能集中反映知识发展水平的生产工具的进步与发展，恰如马克思主义经典教材中经常指出的那样：工具改进是生产力发展的最显著的标志，经济发展最根本原因是生产力发展的结果，而生产力是社会变革最活跃的因素，是推动生产关系和社会进步的决定力量。

如果从时间的角度来划分的话，一般认为从农业经济时代向工业经济时代转变的"分水岭"是18世纪中叶，在此之前农业经济大约维系了数千年。工业经济时代大约可分为前后两大阶段，前一阶段从18世纪中叶到19世纪下半叶，为蒸汽动力时代；后一阶段从19世纪末到20世纪中叶，为电力时代。整个工业经济时代的时间跨度为200多年。从工业经济时代向知识经济时代过渡的时间大约可认为起始于20世纪中叶，50年代至60年代为酝酿、萌芽期，70年代至80年代为形成发展期；90年代以来为迅速发展期，信息技术的成熟与广泛运用，特别是因特网的广泛使用，在21世纪走向成熟。

简单概括来讲，这三个阶段的核心资源是有差别的。农业经济时代的核心资源是土地，土地支配劳动；工业经济时代的核心资源是资本，资本支配着一切人与人、人与物之间的关系，其中最重要的是资本家靠资本来掌握和控制一定技术的工人为他们创造财富；知识经济时代的核心资源是人才，很大程度上是知识分子在支配着资源，人类第一次摆脱受物化了的资源的支配，成为自己真正的主人。

以下进一步阐述这三个阶段的具体形态。

1.1.1　农业经济

农业经济形态是人类经济社会发展的最初阶段。这一阶段人们主要以体力劳动、手工劳动为主，生产工具简单，生产力水平低。劳动形式是以家庭为单位的独立的分散劳动，人与人之间的关系较简单，合作较少，较少发生物质交换关系。但是，这一阶段却是人们自主地从事物质资料生产活动的初始阶段。物质资料的生产是人类利用自己的劳动改造自然界并使之适合生存和发展需要的实践活动，它是人类社会存在和发展的基础。一方面，人们要满足物质生活需要，维持自己的生存，这就需要通过物质资料生产以获得食物、衣服、住房等最基本的物质生活资料；另一方面，只有人们的生活随着物质资料生产丰富起来，政治、文化、宗教、科技和教育等活动才能发展。农业经济阶段的物质资料生产过程，主要特点表现为人们利用土地及其他生产资料，通过手工劳动，把自然界的生物等物质转化为满足人类自身所需要的基本生活资料和再生产所需要的资料。

由此可见，农业经济阶段的物质资料生产主要集中在衣、食、住、行的生存需要。由于"食物"的生产将劳动、土地和人连接在一起，人们在土地上辛勤劳作，品尝自己劳动的成果，只是偶尔、定期地到集市上交换剩余产品或无法通过自身劳动获得的必需品。商业在这个阶段只处于一个从属的地位，不被人们所重视。农业经济时代主要经济形式是自然经济，其特征是自给自足。在这种经济形式下，生产是为了满足"生产者家庭或经济单位+如原始氏族、封建庄园"自身的需要，而不是为了社会交换，此时产品很少进入流通领域。尽管这个时期也存在农民定期将产品拿到集市上出售，并购买自己所需的产品，但这并不是经常行为，所以，这一阶段属于生产和消费过程的合一，国民财富只是简单的再生产，没有显著的市场化增值。

数千年传统的农业经济背影已经逐渐远去，绵延时间很长，效率较低，除了完成延续人类生命这一主要使命之外，虽然在一定程度上创造了农业文明，但它在科技和知识的积累等方面所创造的业绩不及后来的工业经济和知识经济。

值得重视的是，在现代科技革命和产业革命整合发展的背景下，现代农业仍然占据着极其重要的社会经济地位。

1.1.2　工业经济

工业经济是由工业革命产生的经济形态。工业革命是人类发展史上的一个重要阶段，创造了巨大生产力，使社会面貌发生了翻天覆地的变化，实现了从传统农业社会转向现代工业社会的重要变革。开始于18世纪60年代的第一次工业革命，实现了以蒸汽机为动力的机器生产代替手工劳动，使社会化大生产进入机器和大工业阶段，由分散的小生产转变为大规模社会生产。这一阶段的生产属于社会化生产，即生产的社会化：生产资料使用的社会化，生产过程本身的社会化和产品的社会化。在社会化大生产条件下，生产不是为某一个人服务，而是为全社会整体服务，个人的消费需要通过市场购买才能实现。在社会化大生产初期，由于生产规模不大，市场范围狭小，一般来说，厂商有可能既从事商品的生产又从事商品的销售，独自完成从生产到售卖的过程。随着生产的日益发展和市场的不断扩大，厂商所经营的销售活动越来越多，流通过程所占用的资金数量也越来越大。所以为了减少用于流通过程的货币，增加生产资金的数量，就需要有专门从事商品销售业务的商业活动，加速商品流转，缩短流通时间。但商业的出现也带来一些不利的影响，其中最明显的是增加了流通环节，加大了成本。

工业经济阶段主要经济形式是商品经济。其特征是直接以交换为目的，具有商品生产、商品交换和货币流通的经济形式。在这种经济形态下，生产不是为了满足单个人的需要，而是为全社会提供需要的。此时产品要进入流通领域，而流通领域时间的长短成为影响从生产到消费最终过程完成的重要因素。所以这个阶段财富的增长，主要来自分工，来自生产的起点到消费终点之间增加的诸多中间增值环节。

工业经济经过两个多世纪的快速发展后，显现出的矛盾引发人们反思。因为大工业生产在推动人类发展的同时，也污染了环境，浪费了资源和能源，大量的碳排放引起全球气候的变化，使人类的生存面临着诸多挑战，更不用说在这期间因争夺自然资源而爆发的多次破坏程度远超农业社会的战争。虽然工业经济为人类积累了很多知识，但正是人类对某些知识的不当使用产生了异化效应，给人类带来了许多更为严重的灾难和潜在威胁，加速人类财富分配的两极分化与不同国家或利益集团的冲突。

1.1.3　知识经济

20世纪90年代，知识经济在一些国家崭露头角，经过近30年的发展，它大大促进了人类的文明进程，其所创造的知识超过任何一个时代，这种经济形态将成为一种发展趋势，在解决工业经济带来的一些负面影响和问题方面，被寄予厚望，因为它强调节能、环保和人类的可持续发展。

在工业经济基础上发展起来的知识经济，以知识的生产、传播、转让及使用为其主要活动内容，要全面、科学地认识这一新兴的经济形态，可从历史角度系统地认识人类经济形态的三个不同发展阶段，把握它们之间的内在联系与规律。事实上，直到19世纪的工业革命之前，全球生产力的增长都是线性的，直到工业革命爆发，得益于科技的发展，带来了生产力的强势上升，经济也得到了爆发式增长。随着计算机的问世、通信技术的发展和信息高速公路的构建，再一次改变了人类社会的面貌，把我们带进了知识经济阶段。

知识经济阶段主要经济形式是网络知识经济，网络缩短了生产厂商与最终用户的距离，改变了传统的市场结构。网络系统简化了商品流通的环节，降低管理费用，节省流通时间和流通成本，提高市场交易的效率。网络将有价值的信息以最快的速度、最低的成本传递给需要的客户，从而取得竞争优势。在知识经济阶段，财富的增长主要来自生产和消费的重新统一。越是直接快捷地贴近用户的要求，获得的价值评价就越高。因此可以说，网络经济是社会化了的知识经济，数字经济是知识经济的高级形态。

1.2 数字经济—数字中国—数字建筑

1.2.1 数字经济

1. 数字经济的定义

数字经济越来越多地成为人们讨论的话题，但当今学术界没有给出一个普遍都认同的定义。第一个提出数字经济的是美国专家泰普斯科特（Tapscott，1995），他在其著作《数字经济：网络智能时代的希望和危险》中对数字经济进行解释，被称为"数字经济之父"；在此之后，尼葛洛庞蒂（Negroponte，1996）在《数字化生存》以及卡斯特尔斯（Castells，1999）在《网络社会的崛起》中作出进一步解释。由此，数字经济的定义引起学术界的重视，各国政府相继颁布相关的文件来解读。

美国国家经济研究局认为，数字经济一方面包括电子商务，另一方面还包含信息通信产业。数字经济的定义就是电子商务和支持电子商务运行的信息通信产业，电子商务就是一种交易方式，而信息通信产业是对电子商务的技术支撑。后来美国政府也细化了数字经济的范围，并且对各个范围都给出了详细的解释。美国人口统计局也详细表述了数字经济，把数字经济分成基础设施建设、电子商务的运行流程以及在线销售商品和服务三部分。

日本数字经济监测中心认为，数字经济就是广泛的电子商务，这种经济模式没有人员、土地等物理变化，而利用数字手段进行交易、支付以及资金转移，信息通信技术作为基础将迅速崛起，数字化产品将迅速进入到人们的工作和日常生活之中。

英国技术战略委员会认为，数字经济就是通过人与数字技术融合而产生的经济的一种方式。具体包括，数字技术、数字机器以及生产中间环节的数字产品和服务等各种数字投入所带来的经济产出。

俄罗斯数字经济研究委员会认为，数字经济的目的就是改善人民的日常生活，提高国家实力，使用数字手段来优化管理、产业等各种经济活动的总和。

2016年举办的G20峰会中，将数字经济定义为：将数字化知识与信息作为关键生产要素将现代信息网络作为重要载体、将信息通信技术有效使用作为效率提升与经济结构优化的重要推动力的一系列经济活动。

2018年，在"中国信息化百人论坛"中发表的《中国数字经济发展报告》，将数字经济定义为利用数据资源开发而诞生的经济之和，数据资源的开发包含数据产生、收集、整理、运输、传递、使用等过程。

2021年12月12日，《国务院关于印发"十四五"数字经济发展规划的通知》（国发〔2021〕29号），其中，对数字经济的概念给出了科学的定义：数字经济是继农业经济、工业经济之后的主要经济形态，是以数据资源为关键要素，以现代信息网络为主要载体，以信息通信技术融合应用、全要素数字化转型为重要推动力，促进公平与效率更加统一的新经济形态。

数字经济发展速度之快、辐射范围之广、影响程度之深前所未有，正推动生产方式、生活方式和治理方式深刻变革，成为重组全球要素资源、重塑全球经济结构、改变全球竞争格局的关键力量。

2. 数字经济的特征

数字经济的发展是同信息技术尤其是互联网技术的广泛应用分不开的，也是同传统经济的逐步数字化、网络化、智能化发展分不开的。数字经济的发展主要表现有以下特征：

1）数据成为驱动经济发展的关键性生产要素

随着数字技术的迅速发展，数据量呈指数式增长。庞大的数据量诞生了大数据概念，数据成为日益重要的战略资产，成为新时代最关键生产要素。

2）数字经济基础设施建设越来越重要

在工业经济时代，基础设施建设主要集中体现在以铁路、公路、机场等为代表的物理状态基础设施建设方面。随着数字时代的到来，基础设施建设的概念变得更广，既包括宽带、无线网络等信息基础设施建设，又包括对传统物理基础设施建设的数字化改造等，推动以"砖和水泥"为代表的基础设施建设转型为以"光和芯片"为代表的数字时代的基础设施建设。

3）数字素养成为数字时代的新需求

随着数字技术向各行各业的渗透，劳动者需要掌握双重技能——数字技能和专业技能。但是，各国普遍存在专业人才不足的现象，具有较高的数字素养的人才将备受青睐；对于消费者来说，不了解基本的数字素养，可能无法享受数字化的产品和服务，成为数字时代的"新文盲"。

4）各行业的业务流程和交易方式发生变化

随着数字经济的发展，各行业的业务流程逐渐去人工化，由繁琐的人工流程逐渐向线上流程转化，通过线上操作和办理，足不出户办业务，省去很多劳动力的同时，还带来交易方式上的改变。线上交易、电子银行、金融服务等均发生着改变。

5）互联网的迅速发展打破供应商与消费者之间的空间限制

例如，淘宝、拼多多等电商平台，省去中间商环节，使供应商和消费者互利共赢。同时，网络中介交易平台的出现，网络交易中介整合各种信息，使交易内容、主体、效率等多个方面都与传统的中介交易机构不同，极大降低了交易成本和避免了交易风险。

6）数字经济促进中国产业结构升级

数字经济的发展能够改变传统产业的生产方式，提高资源使用率以及劳动生产率，将传统产业实现数字化、智能化生产。也能够改变产业的组织方式，有效的激发企业的创新能力，给企业带来更多的商机，有助于传统产业改革。

3. 数字经济对传统产业的影响

数字经济并不是独立于传统产业而存在，而是更加强调与传统产业的融合与共赢，数字经济在与传统产业的融合中实现价值增量。数字经济作为一种新的经济形态，是以云计算、大数据、人工智能、物联网、区块链、移动互联网等信息通信技术为载体，基于信息通信技术的创新与融合来驱动社会生产方式的改变和生产效率的提升，主要表现在用信息技术改造和提升农业、工业、服务业等传统产业。

在农业方面：一方面数字经济产业能够为农业提供以及传递有效的信息，能够把生产要素紧密地结合起来，提高资源的使用率。另一方面，能够把数字技术融合于农业生产经营的过程之中，提高农业数字化、现代化水平，实现农业的升级转型。

在工业方面：数字经济产业与工业方面跨界融合，既提高工业生产设计的技术水平，提高能源使用效率，又能够利用大数据分析市场变化情况，实现工业转型升级。

在服务业方面：服务业是数字经济产业最活跃的领域，随着中国数字技术的不断创新与发展，数字经济产业与服务业深度融合，陆续产生新业态与新模式，深化服务业的数字技术，丰富服务业内容。并且能够实现线上线下一体化流程，实现服务业对市场需求的快速供给，全方位满足客户的需求，实现服务业升级。

4. 数字经济的相关政策

自党的十九大以来，党中央、国务院及各地政府针对发展数字经济颁布众多计划与扶持政策，将数字经济的发展置于战略层面。

2020年10月29日，在党的十九届中央委员会第五次全体会议上通过的《中共中央关于制定国民经济和社会发展第十四个五年规划和二〇三五年远景目标的建议》中提出：发展数字经济，推进数字产业化和产业数字化，推动数字经济和实体经济深度融合，打造具有国际竞争力的数字产业集群。

2021年3月11日，十三届全国人大四次会议表决通过了《中华人民共和国国民经济和社会发展第十四个五年规划和2035年远景目标纲要》，其中第十五章的内容为"打造数字经济新优势"，提出要充分发挥海量数据和丰富应用场景优势，促进数字技术与实体经济深度融合，赋能传统产业转型升级，催生新产业新业态新模式，壮大经济发展新引擎。并从加强关键数字技术创新应用、加快推动数字产业化、推进产业数字化转型等三个方面描绘了未来的目标任务。

在国家总体战略层面上，2021年12月12日，《国务院关于印发"十四五"数字经济发展规划的通知》，要求以数据为关键要素，以数字技术与实体经济深度融合为主线，加强数字基础设施建设，完善数字经济治理体系，协同推进数字产业化和产业数字化，赋能传统产业转型升级，培育新产业新业态新模式，不断做强做优做大我国数字经济，为构建数字中国提供有力支撑。到2025年，数字经济迈向全面扩展期，数字经济核心产业增加值占GDP比重达到10%，数字化创新引领发展能力大幅提升，智能化水平明显增强，数字技术与实体经济融合取得显著成效，数字经济治理体系更加完善，我国数字经济竞争力和影响力稳步提升。

党的二十大报告进一步强调：建设现代化产业体系，坚持把发展经济的着力点放在实体经济上，推进新型工业化，加快建设制造强国、质量强国、航天强国、交通强国、网络强国、数字中国。

1.2.2　数字中国

数字中国是新时代国家信息化发展的新战略，是满足人民日益增长的美好生活需要的新举措，是驱动引领经济高质量发展的新动力，涵盖经济、政治、文化、社会、生态等各领域信息化建设，包括"宽带中国""互联网+"、大数据、云计算、人工智能、数字经济、电子政务、新型智慧城市、数字乡村等内容。《中华人民共和国国民经济和社会发展第十四个五年规划和2035年远景目标纲要》提出，迎接数字时代，激活数据要素潜能，推进网络强国建设，加快建设数字经济、数字社会、数字政府，以数字化转型整体驱动生产方式、生活方式和治理方式变革。

为加快"数字中国"建设，中国政府开展了很多工作，包括积极实施"互联网+"行动，推进实施"宽带中国"战略和国家大数据战略等。此外，还将启动一批战略行动和重大工程，推进5G研发应用，实施IPv6（Internet Protocol Version 6，互联网协议第6版）规模部署行动计划等。2023年2月27日，中共中央、国务院印发了《数字中国建设整体布局规划》，把建设数字中国作为推进中国式现代化的重要引擎和构筑国家竞争新优势的有力支撑。随着后续政策的出台和新技术的不断应用，中国数字经济发展正在进入快车道。建设数字中国具有重要的现实意义和深远的历史意义。

1. 建设数字中国，开创现代化建设的新局面

2020年10月12日，第三届数字中国建设峰会在福州开幕。"数字中国建设高峰论坛"的召开，对促进中国加快转型发展，推动形成以国内大循环为主体、国内国际双循环互动发展格局，加快构建以信息化、数字化为基础的新型生产力体系具有重要意义。同时，数字经济也必将成为推动我国经济发展的新引擎，在推动数字中国建设方面，进一步激发社会各界的积极性、主动性、创造性，开创新局面。

2. 建设数字中国，促进人民生活更方便、更快捷

我们处在数字时代，无时无刻不影响着数字中国建设的成果。数字不断改善着我们的生活，手机支付、网上订餐、快递服务带来了更方便的体验，网上政务服务

使办事更快捷，互联网医院、远程医疗、AI咨询等新技术的应用使我们的健康更有保障，新一代信息技术的发展必然使我们的生活更方便，更有获得感和幸福感。

3. 建设数字中国，推动各行业生产智能化

建设数字中国，既关系着国家的转型发展，也为我们带来更高质量的生活。公司以智能化、自动化、柔性化为方向，从批量生产向定制化生产转变，产品更加个性化，数字化驱动的生产转型正在不断实现，为高质量发展注入充足的底气，为我们的生活增添更多的色彩。

4. 建设数字中国，提高社会治理能力和效率

随着数字化、智能化的深入发展，社会治理方式将更加精确、有效，无论是基础设施布局合理、运转顺畅，还是警务系统通达高效，抑或是应急体系完善，都将进一步促进社会稳定，提高民众的安全感，为经济社会发展提供更强的保障。

随着数字中国的建设和发展，数字化正在以前所未有的速度改变着人们的生产和生活，以"智能化、数字化"为标志的数字经济正以越来越快的速度渗透到我们生活的方方面面，随着数字技术的不断融合，中国的转型发展也呈现出飞速发展的态势。数字时代大势所趋，只有顺应潮流，抓住机遇，奋发向上，才能推动数字中国更高水平的发展，早日实现"两个一百年"的奋斗目标。

1.2.3 数字建筑

自从人类由工业社会进入信息社会，特别是20世纪以来，随着信息技术与数字化技术的高速推进与发展，计算机技术与网络的出现带来了人类社会的一系列重大变化，给建筑业带来了深刻的变革，各国的制造业、建筑业及城市建设均在其影响下以不同的形态向前推进，数字建筑逐步兴起。

1. 数字技术概念

数字技术是一种既宽泛又很具体的概念。从数字技术的外在表现或存在形式看，数字技术包括那些以计算机软硬件和通信技术为基础的各种衍生技术，如CAD（Computer Aided Diagnosis，计算机辅助诊断）技术、网络技术、集成技术、虚拟现实技术等。而就本质特性而言，它是一种以比特数字信号为基本单位和媒介形式的信息表达、信息传播、信息控制与反馈的技术。或简言之，数字技术本质上就是基于数字媒介的信息处理技术。数字技术在不同领域的应用方式尽管千差万别，但就其本质特征而言都是一样的，即以比特数字信号这种高度一致的方式对复杂的多维信息进行自动化处理。应该说，在人类的生产、生活等活动中，利用和处理信息是

一种最普遍的行为特征，因此从这个意义上讲，数字技术是一种没有领域边界限制的、中性的媒介技术。值得注意的是，当数字技术与传统的电子、机械等生产技术结合在一起时，它就不再局限于只是对信息进行自动化处理，而是转化成为直接控制、驱动现实世界能动和物质流动的强大的力量。因此，数字技术的大规模普及应用，必将导致人类社会生产力的巨大变革。

2. 建筑的数字化

1958年，世界上第一台能进行建筑结构计算的BendixG15电子计算机问世，这是建筑设计学科与计算机科学相结合的首次尝试。在随后的几十年里，数字技术喷涌式发展，并不断向建筑领域渗透。具有划时代意义的CAAD（Computer Aided Architecture Design，计算机辅助建筑设计）技术的推广运用使得建筑科学与计算机科学密不可分。20世纪80年代，Autodesk公司将CAD系列软件的应用推向空前繁荣。时至今日，数字技术的广泛运用正在验证着建筑数字化时代的勃勃生机。

建筑领域对数字化技术的引入，是对当代科学观念背景下的建筑学理论与建筑数字文化的传承与实践。数字化技术激发了建筑领域对生产建造技术的重新思考。数字化技术作为一种最为前沿的技术手段，正影响着建筑设计理论、设计方法、项目展示、施工建造及服务管理的各个方面。

数字技术是一项以电子计算机为载体的新型技术。通常是指借助一定的电子设备将各类数字化信息，包括图、文、声、像等，转化为计算机能够识别的二进制数字"0"和"1"后进行运算、加工、存储、传送、传播、还原的技术。数字化是将许多复杂多变的信息转变为可以度量的数字、数据，再以这些数字、数据描述虚拟模型，数据信息被转变为一系列二进制代码后，引入计算机内部进行统一处理的基本过程，在信息化时代的宏观背景下，数字化俨然成为备受人们关注的科学主题。在严格意义上建筑指的是对那些为人类活动提供空间的构造物进行规划、设计、施工而后使用的行为过程的全体或一部分，"建筑"的标准释义应指创造建造物的行为。建构在建筑学体系中指建筑起一种构造，同时也被应用在文化研究、社会科学和文学批评的分析上，从建筑设计到建筑建造的过程中，既考虑复合力学规律，遵循结构特征，同时也符合从艺术审美角度去审视其自身所应具有的美学法则。建构包括设计、构建、建造等内容，是一个三位一体的集合，是一个全过程的综合反映。建造，最初是指自然科学中的地质建造，岩石在自然界中有规律的共生组合，它们彼此之间无论在时间还是空间上都有密切的关系，根据岩石组成的不同，可分出各种建造类型，如岩浆建造类型、沉积建造类型等，根据建造条件形成的不同，又可分出各种建造序列，如地槽建造序列、地台建造序列。

建筑数字化和建筑数字化设计也是两个很重要的概念。建筑数字化是利用数字化技术来实现建筑设计、建筑建造和全生命周期管理的总称，建筑数字化可表述为建筑领域为适应数字化时代产业、经济格局，满足建筑全生命周期海量信息处理的需求，以及提高建筑的整体效能和环境质量而采取的先进技术体系。建筑数字化设计是指以数字化理论为基础，以现代先进的数据库技术、计算机图形技术、网络技术、虚拟现实技术等数字化技术为主要方法，进行的二维或三维图像信息处理，并根据该设计领域的相关规则，建立相应的数字模型的过程。建筑数字化设计即为数字化设计方法在建筑领域的应用体现，包括参数化设计、算法生成设计、建筑信息模型（Building Information Modeling，简称BIM）、虚拟仿真等相关设计理论与方法。

3. 建筑信息模型的核心作用

由于20世纪80年代的个人电脑革命和90年代的互联网革命及其普及作用，计算机网络使信息收集、传递与共享具备了实现的技术条件。近20年来，基于信息化与数字化的技术革新，建筑领域所兴起的BIM理念的推广，使得数字技术被有效地引入到建筑产品的全寿命周期过程。

在对BIM的理解中，Building是广义的服务对象，既可是常规的建筑物，也可以是建筑行业；Information在BIM中定义其核心理念，即信息化，其中包括信息数据和高效率处理数据的思维，在设计、现场施工的过程中，不仅需要收集与建筑有关的各项信息，同时如何高效地利用和处理这些数据才是真正体现BIM价值的关键所在；Modeling在BIM中主要定义技术手段，也可以理解为模拟分析，即实现高效、准确处理数据并得到关键信息的实现方式，实现方式可以是通过几何尺寸数据的叠加发现体积碰撞，也可以是通过模拟收集统计数据得到经验指数，模型的技术手段不局限于某一种形式，具体的形式要根据处理数据的种类和信息呈现的类型两方面综合确定。

Autodesk公司于2002年在全球率先提出BIM这一革命性理念。BIM不仅创建了在建筑设计和工程建造过程中"可计算数字信息"，同时改变了建筑从无到有的表现模式。用BIM软件生成的施工文件，集成了图纸、采购细节、环境状况、文件提交程序和其他与建筑物质量规格相关的文件，建筑信息模型更是涵盖了几何学、空间关系、地理信息系统、各种建筑组件的性质及数量。

先进的数字化建模软件为BIM理念实现的核心工具，主要分为四类：民用建筑一般造型规整简单，通常选用Autodesk Revit实现BIM流程，其具有与AutoCAD数据关联的天然优势；工厂设计和基础设施主要使用Bentley；专业建筑事务所选择则更倾向于对Autodesk Revit、ArchiCAD、Bentley等的综合运用；对于具有一定复杂性形态的大型工程项目，CATIA、Digital Project则为主导软件，但对预算要求较高。

建筑对象的工业基础类标准（Industry Foundation Class，简称IFC）数据模型标准是由国际协同联盟（International Alliance for Ineteroperability，简称IAI）在1995年提出的标准，该标准是为了促成建筑业中不同专业，以及同一专业中的不同软件可以共享同一数据源，从而达到数据的共享及交互。IFC标准是当前对建筑物信息描述最全面、最详细的数据模型标准。

近年来，BIM技术的应用越来越受到业界的关注。国内外先进的建筑设计团队和地产公司、总承包商、工程管理公司逐步尝试应用BIM理念在项目中实践。从BIM技术的发展目标来看，初期阶段，建筑师利用BIM系列软件的二维图纸输出功能，同二维绘图软件相结合，协同绘制施工图。二维绘图软件依然是不可或缺的施工图生产工具。BIM技术的三维响应阶段，一方面可以将三维模型全周期信息化，智能输出模型、尺寸、经济指标等，还可以实现物件的碰撞检测以及仿真分析。几何造型软件的成果可以作为BIM核心建模软件的输入。美国buildingSMART联盟主席Dana K. Smith在出版的BIM专著《Building Information Modeling-A Strategic Implementation Guide for Architects，Engineers，Constructors and Real Estate As-set Managers》中给出了这样一个论断："依靠一个软件解决所有问题的时代已经一去不复返了"。BIM所涉及的是数字化软件整个体系的协作，并不只针对某一类软件，而是对建筑全生命周期的数字化实现。

4. "数字建筑"的定位

随着数字技术在不同领域由局部应用逐步扩展到整个社会所有领域大规模的应用，建筑领域的数字化已成为必然的趋势。建筑领域的数字化涉及它的目标、理论和方法、技术与实践等各个层面，以及设计、建造、运维管理等诸多过程的复杂系统问题。因此，要解决这些问题，有必要首先在概念层次上确立一个定位，并用这个定位引领建筑领域数字化的基本框架体系。有了这样一个定位，建筑领域的数字化才可能拥有一条较为清晰的路线，数字技术在建筑领域中的各种应用尝试，才会形成相互联系和支持的有机整体。为此这个定位的最佳表达就是"数字建筑"。

"数字建筑"之所以能够成为建筑领域数字化发展的目标定位，首先是"数字建筑"的名称沿用了广为人知并普遍得到认同的"数字地球""数字城市"等概念的表达习惯，并秉持了同样的"数字化"目标理念。其次是"数字建筑"具有较大的包容性，不仅可以涵盖建筑领域数字技术研究应用既有的成果，还可以包含未来应用发展的无限可能。

"数字建筑"的概念界定可表述为：在数字技术支撑下，建筑产业领域为适应数字化时代发展格局，满足建筑产品全寿命周期信息处理的需求，以及提高建筑产品整体效能而采取的先进的方法和技术体系的总称。"数字建筑"概念的技术目的是实现建筑产业领域生态系统的信息化、自动化、智能化、集成优化，提高工程建造过程和建筑系统的绿色运行效率，保证建筑产品的质量并有效促进环境保护。

5. "数字建筑"概念内涵剖析

1）面向全生命周期的概念

除了面向领域概念的定义外，"数字建筑"还需要面向建筑全生命周期过程提出并解决问题。建筑全生命周期包括建筑项目的策划、设计、建造、运行、管理直到拆解的全过程。从目前的数字技术发展状况和趋势分析，数字技术的应用完全可以贯穿建筑全生命周期过程，因此这也就可以明确"数字建筑"研究的三大子域，即设计数字化、生产数字化以及建筑产品全生命周期管理的数字化。这三大子域的划分，可以为"数字建筑"理论和方法的探讨提供一个基本的框架。

对比先进的制造业，面向产品全生命周期设计，是工业设计和制造领域较早提出且至今仍然秉持的先进设计理念，然而它在建筑领域的影响似乎并不是很大，究其原因在于，与一般工业产品相比，建筑产品的全生命周期一般较长，建筑产品的生产及维护方式相对简单甚至粗放，建筑产品的设计、生产与市场的互动不直接、不及时等。然而，这种状况将随着数字化在三大子域的逐步深入而得到根本的改变。

2）集成化的概念

"数字建筑"的三大子域是相互联系和相互支持的整体。在数字化条件下，建筑全生命周期过程主要依赖数字化信息的控制，为了实现对信息的有效控制，各子域系统内部以及子域系统之间彼此不是孤立的。集成化包含三个层次含义：

（1）信息集成，即消除设计、建造、运行管理等各个子域以及子域之间的数字化孤岛问题，以保证信息的正确、高效率地交换与共享。

（2）过程集成，即在信息集成基础上重构相关活动过程。通过将各种串行过程尽可能多地转变为并行的过程，以提高上游设计阶段决策的正确性。

（3）企业集成，就是将信息集成、过程集成概念扩展到参与建筑项目的相关企业之间，以充分利用联盟企业所具有的设计资源、生产资源和人力资源，提高复杂建筑项目的开发能力。

3）技术、理论与方法融合的概念

数字技术首先改变了数千年来人类建筑设计思维活动中所依赖的媒介工具，其影响意义是难以估量的。而且，由于数字技术是可以与许多传统的技术相结合的中性技术，这种结合能够极大地改变建筑领域物质、能量和信息流动的关系链。由于这些改变，需要重新审视不同媒介在建筑设计思维中的作用，需要重新评估并重组现有建筑设计过程、施工生产过程，以及运行管理过程，重新建构建筑企业、部门、组织以及人员间多方协同、协作关系。数字技术带来的这些改变，将有可能彻底变革乃至推翻既有的建筑设计、施工生产和管理模式。因此，"数字建筑"研究不仅包括数字技术的应用，更重要的是要在技术实践中不断发现并总结出系统性的理论与方法。

总之，"数字建筑"的定位，才能真正将建筑学、土木工程建设的发展与当前信息化时代联系起来；才有可能吸引更多建筑师、设计师、建造师及相关领域的专家学者，共同参与建筑领域数字化发展目标的制定，以及"数字建筑"理论和技术支撑体系的研究和建构。

1.3　数字建筑国内外研究现状

过去20多年里，国内外对于数字建筑领域保持着极高的关注和研究热情，出现了一批批先锋建筑师进行实践和理论研究。相关性的研究不断涌现，为数字建筑领域的发展提供了动力和理论探索。

1.3.1　国外相关理论研究

数字化建筑的理论萌芽于20世纪后期，尼古拉斯·尼葛洛庞帝的《数字化生存》从信息技术出发全面展现了数字科技带来的生活工作、教育和娱乐的影响，分析了趋势和应用，威廉·米切尔《比特之城》描绘了数字化空间的介入带来的"软城市"，抒发了数字技术的未来畅想。这些著作为数字技术的应用实践展示了美好前景。与此同时，1997年AD杂志发布了查尔斯·詹克斯的一篇序言《非线性建筑：新科学=新建筑》，引起了巨大的反响，预示着建筑科学发展的新方向——复杂性科学。到了21世纪初，复杂性科学理论得到发展，大量相关著作不断推出（表1-1），为数字建筑的研究提供了理论依据并有力推动了数字建筑的快速发展。

对数字建筑有重要影响的复杂性研究论著（部分） 表1-1

书名	时间	研究内容	作者
Introduction to complexity 《复杂性导言》	2008	阐释复杂性定义、复杂性思想的必要性、复杂性的构想和宗旨、复杂性范式、复杂性的认识论	埃德加·莫兰（Edgar Morin）
The end of certainty: time，chaos，and the new laws of nature《确定性的终结：时间、混乱和新的自然法则》	2009	"非确定性假设"是不稳定性和混沌的现代理论的自然结果，复杂系统中的不稳定性和涨落现象，指出自然的统一性和自然的多样性	伊利亚·普利戈金
Deterministic chaos: an introduction 《确定性混沌：导论》	2010	以物理学家的观点为混沌学领域提供一本自成体系的入门书	H. G. 舒斯特
Chaos and order: the complex structure of living systems 《混沌与秩序：生命系统的复杂结构》	2010	剖析生命结构的有序和混沌，将复杂理论应用到生物学研究中	弗里德里希·克拉默
Hidden order: how adaptation builds 《隐秩序：适应如何构建》	2011	提出适用于所有复杂适应性系统的计算机模型，提供了一种协调一致性的综合，注重拓展众多科学家的直觉	约翰·H·霍兰

　　伴随着复杂科学的理论推广和数字技术的发展，数字建筑理论先驱和奠基人之一格雷戈·林恩（Greg Lynn）先后发表了《折叠、实体和滴状物：论文集》《动画形态》《建筑实验》《复杂》《建筑之折叠，修订版》。他继承了德勒兹的哲学思想，研究了数字化技术条件下的动画形态、游牧形态、泡状形态等，形成了自己的数字化理论框架，并对国际及国内的数字建筑研究者产生深远影响。2002年布兰科·克拉列维奇在"数字化时代设计与制造建筑"学术研讨会上发表的演讲，表明了数字建筑的地位并将"数字建筑师"作为"大匠"的正宗传承。该学术研讨会的内容也被编著成《数字化时代的建筑设计与制造》。在2004年，詹姆斯·斯蒂尔编写的《当代建筑与计算机——数字设计革命中的互动》收集和整理了大量数字化设计实践作品，并且阐明了数字建筑的变革的重要性和地位（表1-2）。

国外建筑师关于数字建筑重要研究论著 表1-2

书名	时间	研究内容	作者
Being digital《数字化生存》	1996	描绘数字科技对生活、工作、教育和娱乐影响，展现数字变革下的学习方式、工作方式、娱乐方式	尼古拉·尼戈洛庞蒂（Nicholas Negroponte）
City of bits《比特之城》	1999	数字技术与建筑、城市、社会进行跨学科研究	威廉·米切尔（William Mitchell）

书名	时间	研究内容	作者
Animate form《动画形态》	1999	寻找将空间和形式转换可塑性和柔性的实体，利用拓扑几何来区分、变形、弯曲结构	格格雷戈·林恩（Greg Lynn）
Architectural laboratories《建筑实验》	2002	建筑成为一种流动的数字媒介，探索建筑设计的新视觉技术在当代建筑业的发展	
Architecture in the digital age: design and manufacturing《数字化时代的建筑设计与制造》	2002	认清数字技术在当代建筑设计的地位，把数字建造技术追溯到文艺复兴以前	布兰科·克拉列维奇（Branko Kolarevic）
Architecture and computers: action and reaction in the digital design revolution《当代建筑与计算机——数字设计革命中的互动》	2004	阐释数字革命使得计算机与网络给建筑与设计带来的巨大变革，并用全球性实验项目进行说明介绍	詹姆斯·斯蒂尔（James Steele）
Digital ground: architecture, pervasive computing，and environmental knowing《数字场景：建筑、普适计算、环境认知》	2004	借鉴建筑学、心理学、软件工程和地理学观点，提供交互设计的场所理论，研究数字化时代下建筑与交互设计以及环境之间的关系	马尔科姆·麦卡洛（Malcolm Mccullough）
Cointemporary architecture and the digital design process《当代建筑与数字化设计过程》	2005	建筑设计实践中数字设计和结构合理化等方面应用、CAD与制造过程的整合、复杂形式的简单视觉表达、固化数学的表达形式、参数形式	彼德·绍拉帕耶（Peter Azalapaj）
Atlas of novel tectonics《新型建构图集》	2006	介绍多样性和变化、整体和局部关系、连贯性和非连续性等，介绍物质平衡状态、跨学科交流和新空间结构的可能性等	杰西·赖瑟（Jesse Reiser）
Swarm architecture《群集建筑》	2006	提出空间是一种计算和适时行为，将生物群集行为现象与建筑设计相结合起来	卡兹·欧斯特豪（Kas Osterhuls）
Algorithmic architecture《算法建筑》	2006	将算法整合工程、理论、艺术等领域范畴，融合哲学、社会学、设计、艺术学解决复杂设计问题	康思达·特斯迪斯（Kostas Terzidis）
From control to design: parametric/algorithmic architecture《从控制到设计：参数化/算法建筑》	2008	提出六个独立时间探索参数和算法设计技术在建筑中的生成，探索新形势下数字技术实现的潜力和未来	坂本友子（Tomoko Sakamoto）
New digital techniques for architeceture《建筑的新数字技术》	2008	运用物质数字技术（数字建造技术）及非物质数字技术进行建筑设计及教学实践	尼尔·林奇（Neil Leach）
Digital fabrications: architectural and material techniques《数字制造：建筑和材料技术》	2009	使用物理形式校准数字设计方法，并根据五种类型的数字制造技术组织	丽莎·卢本（Lisa Iwamoto）
Scripting the future《书写未来：建筑数字化编程》	2012	介绍编程代码脚本作为数字化设计的新方法，并通过大量最新数字化实践展现编程对当代建筑实践影响	尼尔·林奇（Neil Leach）

续表

书名	时间	研究内容	作者
Catalytic formations architecture and digital design《催化形制：建筑与数字化设计》	2012	基于数字技术的动态和相互关联的设计手法，把数字技术视为平台，把建筑—技术—文化三者相结合，并且提出设计使得形式与用户和环境发生互动	阿里·拉希姆（Ali Rahim）
Digital factory: advanced computational research《数字工厂：高级计算性生形与建造研究》	2016	收录了DADA2015系列活动中由上海同济大学建筑与城市规划学院举办的"数字工厂—高级计算性生形于建造研究学生作品展"中的作品	尼尔·林奇（Neil Leach）

彼得·绍拉帕耶编写的《当代建筑与数字化设计》中展现了实践中数字设计和结构合理化等方面应用，包括拓扑优化和结构材料的参数化形式；杰西·赖泽的《新型建构图集》两个重要章节"几何"和"物质"中，说明了在数字化时代下设计多样性与变化特点、整体与局部关系、连贯性和非连续性，也指出了物质与力的关系、平衡状态的操作、新的空间结构的可能性；马尔科姆·麦卡洛（Malcolm McCullough）的《数字场所：建筑、普适计算、环境认知》，也跨领域整合了心理学、地理学等学科，探究环境融合引导的跨学科的数字化交互设计手法。卡兹·欧斯特豪的《群集建筑》、康思达·特斯迪斯（Kostas Terzidis）的《算法建筑》、坂本友子（Tomoko Sakamoto）的《从控制到设计：参数化/算法建筑》、尼尔·里奇和徐卫国的《数字建构——学生建筑设计作品》、丽莎·卢本（LisaIwamoto）的《数字制造：建筑和材料的技术》、尼尔·里奇和袁烽的《建筑数字化编程》、拉希姆的《催化形制——建筑与数字化设计》、菲利普·斯特德曼的《设计进化论：建筑和应用艺术中的生物学类比（修订版）》。从这些著作中，可以看出数字建筑从建筑与计算机的融合走向了多学科交叉，整合社会、行为、文化、哲学、地理、生物、结构等学科，其跨学科的思维和整合方法具有理论参考价值。

数字建筑从萌芽到初步发展，地位和影响力在不断加强，理论的哲学探讨慢慢开始转变为具体应用的理论和跨学科的研究，结构学开始与数字建筑有了交集。数字建筑也从理论溯源走向了实践应用，数字建筑不再是空洞的构思和想法，由数字社会的畅想和展望已经发展到具体的数字实践，并且在实践中发展了相关理论。但是在数字化设计结合建筑结构方面仍然缺少独立论述的著作，大多在"数字建构"理论的层面上有所体现。

1.3.2 国内相关理论研究

这些年来，我国互联网技术、数字化技术、智能化技术取得了长足的发展，为推动数字化、智能化在各领域的应用奠定了较深厚的基础。如今，大数据、云计算、移动互联网、人工智能已成为国家发展战略的重要组成部分。数字建筑、智能建筑的发展也受到了国家的高度重视。"北京建筑双年展"从2004年开始举办，2008年的主题为"数字建构"，2010年的主题为"数字现实"。2013年，由中国建筑学会建筑师分会数字建筑设计专业委员会（DADA）主办的数字建筑展和数字建筑国际学术会议在北京举行，对数字建筑的发展产生了很大影响。由广联达科技股份有限公司发布的内部资料《数字建筑白皮书》在工程建设领域产生了很大的反响。

清华大学建筑学院徐卫国教授是参数化非线性建筑设计的开创者。2005年，徐卫国在《建筑学报》上发表《非线性建筑设计》，提出非线性建筑设计方法，引起业内广泛关注和讨论。徐卫国与黄蔚新在《DADA 2015"数字工厂"系列活动——数字建筑前沿学术会议论文集》中，较全面地展示了数字技术与建筑设计相结合的近期新成果和趋势，其内容涵盖了数字建筑设计、建筑性能模拟与优化、数控加工与建造、互动建筑与互动设计等。2006年徐卫国与罗丽编著的《建筑/非建筑：国际学生建筑设计作品集》，从非建筑的角度审视新时代下的建筑设计，表达对未来建筑的思考。2013年徐卫国编写的《设计智能》展现了建筑教育领域的一系列最新进展，探索分析在Grasshopper等算法软件、3D打印技术、新材料的应用普及下的建筑生形策略。2016年出版的《参数化非线性建筑设计》介绍了从2004年到2014年间清华大学对于数字建筑的探索过程中的典型作品，其中阐释了关于"物质实验的数字图解"等概念和观点；同期出版的《数字建筑设计作品集》也呈现了清华大学研究生实验性建筑设计教学中关于数字建筑的探索；2018年徐卫国、李宁编著的《生物形态的建筑数字图解》著作中论述了数字图解的方法，并且探究生物形态与建筑设计的关系，以及用图解和算法的方式进行生物形态仿生的表达方法。

同济大学建筑与城市规划学院袁烽教授是国内数字建筑领域代表性的学者，长期致力于数字建筑领域的研究、教学和设计实践。2012年他编写的《建筑数字化建造》，深入剖析了数字化建造技术下数控机床、3D打印、激光切割、工业机器人等工具的建筑应用，并且从材料的控制、自由构造的设计、工艺的创新应用方面进行研究和实践论证，为数字建筑的物质化提供指引和思路方法，为结构性能的整合提供了物质实现的基础。

2015年袁烽编写的《建筑机器人建造》，通过介绍国际上数字建筑领域先锋的研究机构包括苏黎世联邦理工学院、南加州建筑学院和斯图加特大学计算设计学院在应用机器人进行数字化设计和建造的成果，列举、论证机器人建造技术对当代建筑设计实践与艺术创作的影响，其研究内容包括数控加工与建造、形态生成设计、艺术应用、建造模拟与优化、结构性能模拟等方面。在研究方法中提出"走向数据和物理间的激进对抗""建筑纤维形态学的探索性设计与建筑策略""传统材料的数字新工艺"等，这些都涉及一部分结构的数字化应用策略和方法，并且融入数字建构的角度进行剖析。袁烽和肖彤提出了从性能模拟到建筑几何，再到数字建造的设计方法，主要从环境性能、结构性能和行为性能三个方面运用数字化建造方式的语言，重新阐释了中国传统建筑的形式。袁烽、柴华、谢亿民对建筑结构性能化设计进行了梳理和综合性的阐释，对数字建筑与结构学科融合具有前瞻性的指导意义。

许多建筑设计师的学术成果也为数字建筑研究提供了重要的参考材料。2012年，刘育东和林楚卿编写的《新建构》阐述了数字建构中动态、信息、演化、制造的特征，提出"新建构"概念。袁烽、张立名（2014）通过研究传统材料新建造方法，进行了设计实践以及砖的数字化建构的未来展望。袁烽、胡雨辰（2017）以装备与人工协同作业的建造模式，探索智能化的设计建造流程、建筑数字化建造技术在传统建筑产业升级中的作用。

随着装配式等新型建造方式的推广，数字化技术在新型建造方式领域的应用引发更多的关注。陈玉婷、潘文特、岳超（2015）通过模拟模块化建筑的完整设计装配过程，探讨了机械臂装配在建筑领域中的可行性设计方法。并提出制定由计算机数字模块化设计到机械臂实物装配的标准建造程序，可使其在建造领域得以应用推广。张烨（2018）以"工厂定制化构件制造+现场装配"的建造模式研究为基础，探讨了设计过程与建造方式互相给予反馈的机制。梅玥（2015）通过文献调研，网络收集、实例调研、实践、分析整理等方法梳理了数字建筑技术和装配式建造的发展和应用，通过国内外大量实践案例的分类阐述，分析总结了数字技术和装配式建造在功能属性、规模、构造与材料、节点与装配等方面的相互关系。并通过设计实践活动，探索数字建筑和与其相应的装配建造的思维方式和一般性的建造流程方法。马立（2016）通过跨学科研究方法、系统分析方法、历史考古方法、建模研究、图解分析方法、案例研究与综合策略等方法，从信息集成、材料集成、组织模式集成这三个层面展开"设计—建造"并行流程的研究，在并行化操作模式下构建划分建筑结构的装配式建造方式，为研究的建造流程设计提供了理论依据。

关于在数字建筑中BIM技术及其应用研究也成为持续的热点领域。杨丽、张冠增（2009）认为，随着BIM概念的提出，数字技术在建筑行业中的应用已从以往的计算机辅助绘画发展到方案设计、扩初设计、施工图设计和整个建造施工过程。樊骅（2015）以BIM为基础，通过对宝业集团预制混凝土（PC）工厂的信息化技术在PC建筑中的应用研究，得出PC的生产必须以流程的标准化管理为基础，有效地使用信息化技术和信息化管理，确定了信息化在建筑工业化领域中的重要地位。夏海兵（2013）等在对上海某大型PC住宅项目的研究基础上，得出通过BIM技术的应用，有效加快了施工进度，提高了成果质量。

关于BIM与物联网技术的结合研究，李天华（2012）等将BIM技术和RFID（Radio Frequency Identification，射频识别）配合应用，运用RFID进行施工进度的信息搜集工作，并及时将信息传递给BIM模型，进而在BIM模型中表现实际与计划的偏差。如此，可以很好地解决施工管理中的核心问题——实时跟踪和风险控制。裴卓非（2013）研究分析了BIM技术和物联网在施工过程中的应用，发现BIM技术和物联网可使企业得以集约经营、项目得以精益管理。王要武（2013）等根据BIM、物联网、普适技术和4D可视化技术等，提出了智慧施工的概念，并构建了智慧施工理论体系和信息管理模型框架。王晨（2015）认为基于BIM的物联网技术在建筑业的应用，从而形成软件、硬件、系统集成开发、施工的"智慧建筑"产业群，为实现"智慧城市"奠定基础。孙玉芳（2021）等分析了BIM+物联网技术在装配式建筑全过程中的质量管理要点，并结合工程实例介绍BIM+物联网质量管控方法和效果。

近几年来，利用BIM技术提升和优化建筑行业监管成为数字化政府监管的趋势。康渊泉（2018）讨论了BIM技术在建筑工程质量监督管理中的有效运用途径。郑玉梅（2022）提出了基于BIM技术的政府质量安全监管体系、监管应用内容及监管方式创新，结合案例对BIM技术应用的效果进行了评价和验证，表明该模式有利于优化政府部门工程质量监督流程，转变监管方式，提高监管效率。黄起、刘哲、武鹏飞、谭毅（2022）结合政府公共工程的建设、管理、监督、信息安全、审批等需求，描述了深圳市建筑工务署推动BIM技术在政府公共工程管理中的应用，以提高政府工程建设管理的精细化水平，推动政府工程高质量发展。

　　在国内，数字建筑的研究和应用的运行轨迹是从建筑产品的数字化设计开始起步，并逐步引进、扩散到施工领域和政府监管范畴。随着新一代信息技术与传统建筑结构技术、设计技术、材料技术、施工技术、管理技术的融合，进一步衍生出数字建筑更加丰富的内涵。

第2章

数字建筑三重境界

2.1 数字建筑概念辨析

2.1.1 数字建筑的起源

数字化浪潮的兴起最早始于制造业。现代制造业以机器大工业生产为基础。流水生产线传送带上运送的一件件零部品，工人围绕着生产线重复着紧张高效的工作，各种机械装置加工并运送着物品，这是工业化生产车间的场景。一百多年来，这种发源于美国福特汽车公司的高效率生产至今仍然是绝大部分生产制造企业的标准生产方式。20世纪中后期发明的电子计算机在加工制造业的广泛应用，逐步改变了传统的工业产品制造组织方式，其中一个最为重要的表现就是数字化。

随着电子计算机的普及，数字设计工具逐渐摆脱了枯燥、专业化的专用编程机器，将设计师从程序员中解放出来。现代制造业的设计过程，几乎都要借助计算机的辅助功能。根据计算机的发展时间和程度可以大致上把计算机辅助设计分为三种方式。

第一种方式是完全借助计算机。也就是全部的设计工作都在计算机虚拟的二维或者三维空间中进行。例如，不需要实物模型的简单产品设计，全部由计算机渲染的视觉艺术设计等。这类产品的特点是直观、易于把控，便于在虚拟空间中观察、比较、修改等。

第二种方式是需借助实物模型辅助的设计工作。例如，在各种造型设计中事先通过手工制造原型模型，再通过扫描等方式输入计算机进行精细设计加工；或者在设计过程中通过制造工具将虚拟空间中的物体反映在现实空间中进行比对和调整。这是应用最为广泛的数字与手工结合的方式。

第三种方式则是借助数字化工具，通过空间捕捉、定位、数字形象输入等方式实现物质空间和虚拟空间的互动，其意义在于精确记录物质空间的活动。随着数字技术的进步和虚拟空间表现方式的发展，面向实物产品的设计过程，能够最终与产品生产建立联系。

建筑业作为一种特殊的制造业，随着数字化技术的应用，与一般意义上的加工制造业相比，有着与其相应的一般性和特殊性，建筑产品的数字技术应用也逐步兴起。

建筑的表现形式多种多样，作为供给人们生产和生活的最终产品来说，具有一般产品的功能属性。例如，使用功能、美学功能、文化和纪念意义、价值和资产属性等。建筑产品的生产过程同样需要经过策划、设计、加工制造等一系列工作程序。当建筑产品完成后，进入生产运营或使用阶段，在连续不断的使用中需要维护，直至其生命周期完结时拆除回收。而这里所体现出建筑的特殊性使得它与其他商品有着截然不同的特质。首先，建筑的特殊体现在其属于需要大量投资的固定资产，涉及专业和管理部门众多，程序复杂，需要一个细致长期的决策、设计和施工过程，期间产生的不确定性和变化较多。其次，建筑属于特殊定制产品。建筑会随着建设地点、气候、地形、社会生产水平、投资等各种因素影响，使得产品具有差异性，组成建筑的构件会因形态、功能要求等因素影响而各有不同，定制构件和一次性加工构件占比更大，生产建造的组织方式不同。最后，从工程管理角度而言，建筑产品生成的全过程对应于建设工程项目寿命期，以建筑产品的交付为标志，作为建设工程项目活动的寿命期结束。而通过建设工程项目活动形成的物质结果，即实体建筑产品本身的寿命期延续到拆除报废时结束。应当区分建筑产品的寿命期不同于建设工程项目的寿命期，这样有助于分析和理解数字建筑的相关概念。

建筑与数字技术的碰撞和融合是持续递进的，从20世纪60年代起，计算机技术便运用到建筑行业，开始使用电脑进行建筑设计的绘图。同时，将人工智能上的发展成果也通过电脑应用到建筑设计思考过程中，运用计算机处理大量的建筑数据资料。到20世纪末，随着数字技术的不断突破，建筑行业的应用软件功能不断完善，计算机在建筑设计学科中不再只是被视为"工具"，而是成为思考与呈现设计理念与操作方式的媒介。网络技术的发展和虚拟现实技术的日渐成熟，都对传统建筑行业带来巨大的冲击，从单一要素的影响演变成为全方位的影响和颠覆性变革，在如此迅猛的发展中诞生了许多新领域和专有名词，其中就包括"数字建筑"。

2.1.2 数字建筑的发展

1. 从辅助设计到主导设计

数字建筑技术从最初的建筑表现到后来的辅助设计，进而发展到现在已成为全新的建筑设计理论架构。建筑对数字技术的依赖越来越明显，数字技术已经完全渗透到整个建筑产品设计过程中，而且随着新一代数字化技术的发展，这种渗透将会形成更加全面融合的趋势。

从建筑设计的起点开始，对功能需求、周边环境特征、人的活动行为、约束条件等信息进行收集梳理，并进行数字化描述，这些信息将是计算机参数化的依据，是建筑形态形成的基础。提炼出基本的设计参数后，便可以通过相应的计算机软件建立参数模型演算出某种参数关系并生成建筑形体。

建筑设计是将设计师的设想结合社会因素的要求通过相应的表达介质表现出来的过程。是将设计想法、构思表现在图纸上的过程，在这期间可能还涉及各种工作模型等。简而言之，建筑设计是设计师将脑海中虚拟的三维建筑形象通过各种方式映射至二维图纸的过程，而建造工程师则是将二维图纸解构、转化成为三维建筑实体。由于电子计算机应用在建筑领域，传统模拟记录方式已经转变为采用数字编码。数字编码以其精确、易于修改、对复杂度的表达等突出优势全面取代了传统手工制图。

建筑行业由于其工程特性的要求，引进并发展了在其他行业中广泛应用的CAD技术，形成了计算机辅助建筑设计。计算机辅助建筑设计（CAAD–Computer Aided Architecture Design）的发展源于航天、机械和电子行业的CAD应用。20世纪70年代，随着电子计算机性能和计算机图形学的发展，以及交互式图形技术使得CAAD技术应用得以更顺利地开展，使得建筑设计效率大幅提高，尽管在一定时期内，数字设计还停留在对于传统手工绘图的简单描述和替代上。设计师需要将设想中的三维建筑通过二维抽象映射在图纸上，而建设者通过二维图纸传递的信息将其通过工程建造映射实现在三维空间中。在这个过程中，计算机仅仅起到了记录作用。

20世纪90年代，建筑师和软件工程师尝试将这种重复映射进行简化，通过赋予CAD软件中点线面和实体以参数，使设计绘图的基本元素超越传统的点线面而变为特定构件，例如墙、窗、楼板等，直接在虚拟的三维空间中设计与搭建模型，软件自动将其映射至二维图纸空间。通过这种方式，使得三维设计成果和二维图纸得以完全对应，简化了设计流程，专业化的CAAD技术具备了实用价值。例如，Digital

Project、Archicad、Revit等针对建筑设计的专业软件，实现了三维模型与二维图纸的结合，设计人员在三维环境下设计建筑，同时能够在各种指定的视图中自动生成二维图纸交付。

近些年来，随着人类生存状态和生活水平的改善，居住需求和环保要求不断提高，建筑产品生产活动需要一个与数字技术相适应的建造方式。施工现场将组织大量、多专业工种工人同时进行手工或机械作业；沙石、水泥、钢筋等原材料可能将难以直接在现场发生混合反应；敲击、振动、切割等噪声作业可能将被限制；而越来越多的既有建筑区域内的建设活动实施余地越来越小。总之，社会、经济的发展要求和条件限制将会使得施工作业活动发生质的改变。建筑材料、构件的集成化、模块化所形成的装配式技术将会逐步影响现场制作、安装的现状。这也就促进了现代建筑行业的一个巨大变革，BIM利用设计软件，将设计、管理、加工图、建造模拟等全周期统一整合为一个信息系统模型，在这个模型中的每一个构件都加载有庞大的属性数据集合，包括了生产、建造、外形、功能等一切能够构成实际建筑的要素。计算机技术软件可以将整体建筑展开为各种构件进行相互关系的分析，并且可以在此基础上实现建筑在虚拟空间中的模拟建造，了解并评判施工过程中可能存在的各种问题。BIM技术应用已经成为当前建筑产品设计和建造的主导发展方向。

2. 从建筑表现到虚拟实境化

数字建筑从表现层面来说已经从最初的单帧表现、动画表现发展到虚拟实境化表现，这主要是虚拟现实技术发展的结果。虚拟现实技术涉及计算机图形学、人机交互技术、传感技术、人工智能等领域，可以为使用者提供视觉、听觉与触觉多个方面的感知。虚拟现实技术的使用，可以使参与者通过计算机生成的虚拟场景以及适当的装置，能够更加逼真地对虚拟世界进行交互体验，更加直观地感受到所处环境的实际变化情况。虚拟现实技术具有沉浸性、交互性、构想性等三个最基本的特征，正是因为这些特征，能够有效提升建筑设计和建造的合理性和科学性，从而使虚拟实境化成为数字建筑数字技术应用发展的重要方向。在建筑设计角度，数字建筑是以数字文件的形式存在于计算机存储介质中，以可视化的方式显示出来，模拟了实体建筑的很多特征，以此建立起数字与实体建筑的关系。

3. 从独立创作到整体协作

数字建筑的发展从方案设计到施工图设计、水电图设计、分项设计，再到构件制造、现场施工，呈现着科学化、数字化、多元化、智能化特征，未来的数字建筑将是一个全方位、全过程、全要素的数字化设计、建造和运维过程，必然成为建筑行业的主流趋势。数据信息的共享能够大大提高效率，而同一个平台下的整体协作更能够提高整个建筑产品生成过程的效率。随着计算机网络技术的发展，远程协作是今后各行业，同样也包括建筑行业发展的必然趋势，利益相关方主体能够通过网络系统进行互相协作，整合各种类型的资源。

数字建筑让项目使工程全生命周期每个阶段的活动发生新的改变。在实体建筑建造活动展开之前，衍生纯数字化虚拟建造的过程，在实体建造阶段和运维阶段将是虚实融合的过程。通过数字建筑可以进行从设计、建造到运维多方协同的全生命期、全产业链一体化的管控，可以实现管理前置、协调同步、模式统一、低耗高效的协同工作，这是对传统工程项目管理模式的流程再造和创新。同时，在施工过程中，可以从不同维度，分别再进行数字化的实践，主要表现为以下方面。

第一是人员作业管理数字化。以施工现场作业人员无感考勤为例，嵌入芯片的智能安全帽的使用，施工单位不仅能实现智能考勤管理，掌握工人出勤情况；更能通过定位功能，自动生成工人作业、移动、停留的数据和区域轨迹，关联施工工序形成更加准确的工效分析。当工人进入危险区域或接近危险源边缘时，也会触发语音警告，确保安全施工。

第二是现场物料管理数字化。以施工现场最常见的钢筋为例，钢筋进入施工现场验收时，传统方式是人力手工清点，耗时费力又低效，还容易出错。现在，通过人工智能技术，直接用手机拍照就能快速、准确地得出钢筋数量。目前，通过对采用人工智能自我学习算法进行现场物料管理的数据统计，准确率已达99%以上，远远高于人工识别率。

第三是生产要素管理数字化。通过在线系统平台实现综合的数字化生产管理，形成项目总控室或驾驶舱。生产要素的数字化管理，能够让现有生产力发挥最大效率，主要体现在三个方面：智能预测生产力需求、在线监控劳动力投入、实时跟踪作业状态。

第四是安全生产管理数字化。安全施工、安全生产一直是建筑产业最关注的问题。以智能安全帽为例，除了危险区域触发警告外，还可通过智能安全帽进行人员的姿态识别，并判断是否发生异常，可随时对施工现场作业人员的不安全行为进行监测。

数字建筑从概念走向落地，看似抽象且复杂的数字建筑，在当前已取得了各方面的落地应用成果。行业数字监管平台，不仅构建了全面的安全监管平台，还有效纳入了各方责任主体以消除信息孤岛，打通生产各责任主体的信息屏障，推进行业自律发展，规范监管流程，实现建设工程安全监管的业务管理数字化。

2.1.3　数字建筑的概念与特征

1. 数字建筑概念的多重含义

基于数字化技术能给建筑企业带来的价值和建筑业信息化、工业化融合发展趋势，广联达科技股份有限公司总裁袁正刚博士较早地提出了新语境下的数字建筑理念，并以此推动建筑业的系统性数字化变革，重塑企业掌控力与拓展力，促进建筑产业转型升级和高质量发展。数字建筑结合先进的精益建造理论方法，集成人员、流程、数据、技术和业务系统，实现建筑的全过程、全要素、全参与方的数字化、在线化、智能化，从而构建项目、企业和产业层级的数字建筑平台生态新体系。

数字建筑有多重含义。数字建筑以先进的数字技术实现建筑数字化，从而提高建筑业的生产力水平。数字建筑集成进度、成本、质量、安全等管理要素和人、机、料、法、环等生产要素，贯穿建筑的设计、建造和运维的全生命期，打通建筑产业链上下游的各方主体。通过全要素、全过程、全参与方的数字化、在线化、智能化打破信息孤岛，实现以项目为中心的数据全流通，建立一个数字建筑平台和生态体系。数字建筑是利用BIM和云计算、大数据、物联网、移动互联网、人工智能等信息技术引领产业转型升级的行业战略。

在数字化变革的大趋势下，作为数字科技与建筑产业有效融合的"数字建筑"，必然成为建筑产业转型升级的核心引擎。数字建筑就是利用BIM和云计算、大数据、物联网、移动互联网、人工智能等信息技术，结合先进的精益建造项目管理理论方法，形成以数字技术为驱动的行业业务战略。它集成了人员、流程、数据、技术和业务系统，管理建筑物从规划、设计开始到施工、运维的全生命周期，包括全过程、全要素、全参与方的数字化、在线化、智能化，从而建立项目、企业和产业的全新生态体系。如图2-1所示。

2. 数字建筑的三大特征

"数字建筑"具有数字化、在线化、智能化三大特征：

第一，数字化是基础。数字化是指通过对实体与实体活动的解构与建模，构建与实体映射的数字化模型，实现全过程、全要素、全参与方的数字化过程。不能狭义地将BIM技术建模等同于数字化，它只是利用BIM技术的功能对建筑物本体的数字表现。所谓的数字化包括数字设计、数字生产、数字施工、数字运维、数字全参与方协同等。

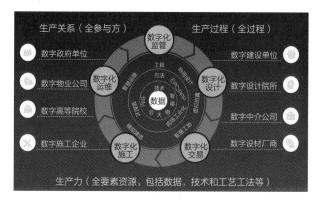

图2-1 数字建筑生态体系

第二，在线化是关键。在线化是指通过虚体建筑与实体建筑基于"人、事、物"的信息物理系统（CPS，Cyber–Physical Systems）的泛在链接和实时在线，让全过程、全要素、全参与方都以"数字孪生"的形态出现，形成虚实映射与实时交互的融合机制，从而使项目部的生产效率、企业的管理效益、行业的调控能力等都能得到较大的提升。

第三，智能化是目标。智能化的本质上是数据驱动智能演化算法。也就是说虚体建筑与实体建筑在大数据、智能算法基础上具备可感知、可适应、可预测的能力，相互依赖与优化，成为具有全面感知、分析认知、科学决策、精准执行与自我进化的"人工智能"，在数据闭环自动流动过程中实现资源的优化配置，完成建筑产品的建造过程。

3. 数字建筑驱动建筑业变革

随着数字化进程的不断演进，建筑产品全寿命期过程将发生新的变化。新设计、新建造、新运维将驱动建筑产业变革。如图2-2所示。

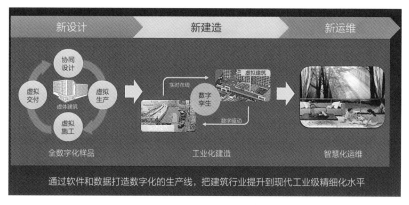

图2-2 数字化变革

新设计是针对建筑产品设计而言，将会展现全数字化样品，即在实体建造生产之前，数字化模拟全过程，包括协同设计、虚拟生产、虚拟施工、虚拟交付等都呈现为全数字化样品。新设计阶段最终交付的是设计模型、施工和商务方案的数字化样品，涵盖交付物的所有信息，可实现管理前置控制、方案合理可行、商务经济最优和产品个性满足需求。

新建造即是工业化建造。通过数字建筑实现现场工业化和工厂工业化，使图纸细化到作业指导书，以工序最小单元编制计划任务，工序作业方法得以标准化，将工程建造的每一个细节提升到工业制造的精度水平。新建造将消费者、开发商、生产、物流、施工等单位整合在一起，通过软件和数据形成建筑全产业链的"数字化生产线"，这条生产线将工厂生产与施工现场进行实时在线连接与智能交互协作。工厂的工业化生产基于标准化、流程化，可实现构件及部品的大规模定制、柔性化生产。现场工业化就如同是装配车间，通过严密的计划和组织系统以及机械化、自动化等工业化手段实现精益建造。通过数字工地与实体工地的数字孪生，实现对人员、机械、材料、环境等各要素的实时感知、分析、决策和智能执行，形成基于物联网的"智慧工地"系统。通过工厂与现场的一体化，将实现全产业链的协同，达到消耗最小化、价值最大化的目标。

新运维即指智慧化运维。基于BIM+大数据技术分析，通过空间战略规划、空置面积分析，空间优化组合等，科学合理地利用空间，降低运营成本，提高空间收益；同时，为用户提供以人为本的绿色、健康、舒适建筑空间，提供高效、适宜的空间使用布局，提高工作和协作效率。通过智慧化运维，可实现让建筑及设施升级为自我管理的生命体，让建筑运行更加经济、绿色低碳及与生态环境和谐共生，为人们提供舒适健康的建筑空间和人性化的服务，使建筑及设施成为"共享经济的社会体"等目标。

数字建筑是建筑业转型升级的核心引擎，其对建筑业的影响是全价值链的渗透与融合，通过数字建筑多层次的科技手段，打破产业边界和传统的生产链条，激发市场活力，通过市场手段整合行业资源，优化经济结构，节省交易成本，加速传统生产方式变革，促进建筑产业提质增效。在数字化变革的大趋势下，建筑产业唯有顺势而为，主动拥抱变革，用科技支撑产业变革，才能加速高质量发展的步伐。

4. 共建平台生态是建筑产业发展趋势

数字化变革对整个建筑产业，包括每一家企业、每一个项目部都将产生冲击。但是对于企业来说，未来走向有两个选择，搭建平台或是接入平台，每家企业在产业链的某个环节找到自己的位置。在此过程中，共同构筑数字建筑平台是关键。

数字建筑的宗旨是让每个工程项目成功、让每一位建筑人有成就，使生活与工作环境更美好、实现美好家园的梦，但不是仅仅依靠一家企业就能做到的，需要各方力量合作共建。不仅需要与建筑行业内上下游企业合作，还要与相关行业企业进行跨界合作，共同打造产业生态圈。在开放的产业平台生态中，不仅有传统的设计、施工、运维、建材设备厂商，还有金融机构、征信服务机构、软硬件厂商等单位，通过平台充分协作、实现资源整合和信息共享，打破企业边界和区域边界的限制，形成伙伴经济，实现合作共赢。

2.1.4 数字建筑从理念走向应用

随着建筑产业数字化变革的起步，建筑行业内很多先进企业进行着不断研发和探索。广联达科技股份有限公司总裁袁正刚博士经过长时间调研、分析、探究，站在建筑行业转型升级和高质量发展的角度，提出了"数字建筑"概念，并在2018年初发布的《数字建筑白皮书》中对其作了详细解释。我国建筑行业信息化、数字化成长进程虽然缓慢，事实上也已走过了30多年历程，在"少数人关注的萌芽期——蜂拥而至的狂热期——进退踌躇的怀疑期——踏实应用的复苏期——技术成熟的平台期"的路径上稳步向前迈进。"数字建筑"是数字技术在建筑产业设计、施工、运维的全生命周期自由组合，通过应用新一代信息化技术，如BIM、云计算、大数据、物联网、人工智能、区块链等，形成的整体性解决方案，为建筑产业高质量发展赋能，解决行业面临的工人老龄化、安全生产隐患突出、生产力水平低下等长期积累的疑难问题。

1. 数字建筑实际应用的逐步落地

尽管数字建筑看似抽象且复杂，但在工程建设领域已取得了多方面的实际应用成果。

1）"三全"落地应用举例——"规建管一体化"解决方案

2015年中央城市工作会议之后，中国特色城市"规建管一体化"逐步加速。当前，一些重要城市已开始应用基于数字建筑的"规建管一体化"解决方案。通过探测器、智能终端、传感器、红外感应等物联感知采集数据信息，通信网、互联网、物联网"三网"融合传输数据信息，将政府主管部门、设计院、建设方、施工方、供应商、物业、中介乃至高校等多参与方集结在一个平台上，最终形成"多规合一辅助决策""工程建设综合监管""城市应急/生态环境管理监测""城市生命线安全管理监测"等城市规划、建设、管理的综合方案。

"实现建筑产业从信息孤岛到以项目为中心的数据全流通",正是体现数字建筑全过程、全要素、全参与方"三全"概念重要的价值流。

2)"三化"之中的数字化举例——智慧工地解决方案

众多的工程项目已着手应用基于数字建筑理念的"智慧工地"解决方案。例如,建立建筑工人实名制管理系统,采用实名制通道实时采集人脸数据,使用智能安全帽采集工人移动轨迹。这些原始数据,正是数字建筑的"三化"之中"数字化"的基础。数据是信息的基础,真实、原始的数据经过计算机处理所得到的信息才是准确有价值的,才有可能上升为判断、决策的知识乃至人类智慧。

3)"三化"之中的在线化举例——建筑供应链管理系统实践

基于数字建筑生态化全程供应链监控平台已经在国内一些大型企业成功搭建运行。作为集中采购系统,可以对一个企业所有分布在全国各地的工程施工现场进行实时监控,例如,处于物流运输在途的混凝土什么时候运到指定的工序位置,构件、钢材什么时候运到现场等,并将监测情况与现场管理节奏相结合。另外,基于数字建筑实践的协筑云平台也已大量应用,实现了项目管理资料的共享和实时查看,一旦发现问题,可直接追踪到责任人,并通过检查、复查确保工程建设任务的高质量完成。

"在线化"将"过时无效的信息"变为"实时高效的数据",帮助管理者们快速反应、及时决策、有效控制,实现高效率。

4)"三化"之中的智能化举例——斑马进度管理系统应用实践

目前,斑马进度管理系统广泛应用于诸多企业。从"半手工编制进度计划"起步。通过工程量在广联达BIM 5D中实现WBS(Work Breakdown Structure,简称工作分解结构)分解和定义活动;通过工程具体信息、施工部署及人员组织策划、施工工艺策划等在斑马网络计划软件中进行半自动编制计划,确定逻辑关系,估算时间参数等;最终形成"30%内容自动提供,70%内容手工处理"的半自动搭积木编制进度。不久的未来,将实现"智能化编制进度计划"。当施工企业积累到足够多的进度数据信息,在云服务中已形成企业自身的各种计划模板时,只需输入条件等约束因素进行自动匹配,就可以快速生成时间短、用工少、成本低的最优进度计划方案,从而提高劳动力、机械设备等资源使用的有效性。

5)"一体化生态"举例——广联达、微软、华为发布混合云一体化解决方案

广联达、微软、华为三方联合面向建筑行业发布集硬件基础设施、云平台、行

业应用于一体的整体混合云解决方案，以满足工程项目、企业、行业层面数字化转型过程中对于不同场景下混合计算的需求。这是国内工程建设领域首次正式发布的一体化混合云解决方案，也是近期建筑业、信息科技圈具有影响力的大事。

数字建筑平台的搭建，将赋能IT生态链企业和建筑生态链企业，最后让每一个工程项目从主体工程、技术措施到临时设施，从进度、质量、安全、环保到成本都尽最大可能实现成功。而这并不是一家企业能做到的。正如广联达、微软、华为组成的生态合作，联合全球最优秀的企业，最大限度地为建筑行业转型发展赋能。

2. 建筑产业数字化变革终将从星火走向燎原之势

数字建筑在多个层面的普及和应用是必然趋势，而中国建筑业的数字化变革之路也终将"星火燎原"。从生产要素的数字化管理、智能化风险识别、智能化施工组织设计、在线化跟踪工程项目履约等众多案例，即可窥见建筑产业链数字化态势。

1）"生产要素数字化管理"让现有生产力发挥最大效率

在建筑产品的建造过程中，对人、财、物等生产要素的有效管理关系到工程建设目标的顺利实现。其一，智能预测生产材料的需求。例如，在某智慧工地，当一车钢筋进场，后台算法即自动统计出各种数据，包括进场时间、进货量、库存量、劳动力需求、累计入库量、累计消耗量、当前库存量、日消耗量，并预测出资源投入，包括机械产能及工人需求、绑扎生产率及工人需求。而繁琐的钢筋计量工作，也被手机拍照一键解决。其二，在线监控劳动力投入。应用"智能安全帽"，可以实现施工人员的精准定位，随时跟踪个人动态情况。例如，早晨上班时，实时统计工人进场，自动进行生产能力优化，与当天生产需求匹配，工人进场完成后劳动力不足则会自动预警。其三，实时跟踪作业状态。随着定位技术的发展，可以更准确地对具体某个工作面的劳动力进行跟踪，实现作业面的精细化管理，例如，钢筋笼安装当日生产能力是4.5吨，实际上需要6吨，不足率25%，参考这个数值即可整改人员和物资管理，实现最优化。避免"钢筋工提前下班、木工加班到很晚"的不协调现象。其四，智能测算实际工效。通过生产量统计，智能测算工人的人均工效，提前预知未来一周的加工能力，并可以合理安排各工序施工作业人员。

2）"智能化风险识别"让数字信息按业务属性进行联姻

特种作业人员、特殊设备往往是危险源的最大载体，而运用物联网、定位技术等对这些特殊群体进行跟踪，对不同群体的信号进行标识，通过数字技术实现对风险隐患的自动预警，如电焊作业现场应同时有动火证+焊工证、配电柜的操作者应该具有电工证，如果不是这种组合，系统将自动发出预警信号，甚至警示当事者，让违章作业人员的安全帽发出闪烁信号。

3）"智能化施工组织设计"寻找最优资源组合方案

施工总计划是各项资源投入计划的主要体现，而将BIM技术与大量管理数字资产集成，可以提供多种施工进度计划方案，再通过各方案的资源投入指标对比分析，最终优选出适合本项目的总进度计划，计划选定后还可自动形成支持该计划执行的相关配套计划，例如，劳动力计划、材料计划、设备计划、成本计划等。

4）"在线化跟踪合同履约"实时识别工程履约风险

当每个项目管理过程实现数字化，可按照标准化管理要求将管理过程通过指标对比来跟踪各项目的履约过程，从管理的不同维度识别履约风险。通过系统分析，按照风险大小筛选问题相对严重的项目，针对性地跟踪和管控，如资金回收率最低的项目、与重要里程碑节点偏差最大的项目、质量和安全综合评定最差的项目等。

随着数字建筑在建筑行业众多领域的应用，数字技术与建筑产业的不断深度融合，建筑业必将驶上数字化的快车道，建筑业高质量发展愿景目标更加清晰。

2.2 数字建筑三重境界的逻辑结构

数字建筑在逻辑结构上包括以虚拟建筑为核心的建筑产品数字化设计、以智能建造/运维为核心的建筑产品生产、以建筑产业互联网为核心的建筑产业链生态。如图2-3所示。

图2-3 数字建筑三重境界示意图

2.2.1 建筑产品数字化设计

在数字经济时代背景下，数字化技术在建筑设计中被广泛应用，非线性的建筑形态不仅给大众审美带来了新的冲击，同时也为未来的建筑设计方式带来了一次新的革命。在人们普遍的认知中，曲线形、异形的建筑造型似乎已经成为数字化建筑的一种标准；具有可调节建筑形式的建筑物也可称为数字建筑设计；或者利用计算机代码、程序完成的建筑设计。从狭义上讲，数字建筑设计是要使用更加具有针对性的数字化软件，运用强大的逻辑运算与数字化思维而产生的建筑设计。从建筑的

实用性角度出发，数字化建筑
应该具有合理、严谨的理论与
方法，同时对于建筑设计的整
个周期能够进行有效的科学计
算、归纳、推理、优化、分析
与反馈，甚至通过数字化技术
来提高建筑全生命周期的能效
性。传统设计过程中，建筑师
承担着汇总各种信息，包括场
地、功能、形态等，并将这些

图2-4　建筑产品数字化设计示意图

因素整合在一起来产生设计方案，这个过程依赖建筑师个人的思维方式、审美水平
与文化艺术修养等，因此设计结果会有很大的个人偏好倾向。而数字化设计则是一
种新的设计方式，设计的呈现不再仅仅基于建筑师的主观思考，而是通过计算机对
所有的因素进行严谨的逻辑计算来得出最优解，建筑师可以在多种结果中进行选
择，从而完成设计。数字化设计所依附的工具已经不同于以往所有的工具，它本身
具有一定程度的人工智能，可以运行、思考和判断，辅助人们思考，作为人类大脑
的延伸而存在，可以进行大量人脑所无法进行的复杂运算，是建筑设计进阶的新工
具，所以应该对其进行新的审视与判断。如图2-4所示。

　　从数字建筑架构的定义来看，它的基本层次可以分为数字化设计和数字化建
造。数字化建造概念相较于数字化设计来说是更容易理解的，现实的建筑因为有更
好的建造方法与建造工艺使得建造效率更高，建造工艺更精细，美学效果更好，而
且一些凭借传统建造方法无法实现的建筑也在新的数字化技术的支持下得以建成。
而数字化设计的基础概念是指将建筑设计的信息通过数字表示出来，而不是通过传
统的草图、模型或者口述等方式。而所谓的数字化设计的一个比较普适的解释则是
利用计算机优于人类的计算和数据处理功能，针对建筑中某一个或者某一些问题提
出解决方案的设计方法，是以现代先进的计算机图形技术、网络技术、虚拟现实技
术、数据库技术等数字化技术为主要方法，进行数据处理，并根据相关设计规范建
立对应的数字模型的过程。

　　随着数字化技术的发展，BIM技术的开发及其应用呈现日益上升的势头。其
中，建筑信息模型能够很好地将建筑的几何形图与各个构件联系起来，准确地完成
建筑平、立、剖及建筑结构、材料及细部表达。此外，数字化技术在数字化建筑设

计方法未能达到实际使用之前，非线性的建筑体型往往很难做到体型与结构的完美衔接，建筑师通常采用简单的几何形体来呼应环境因素，这就造成"为了适应建筑而改造环境"的现象。随着数字技术进入建筑领域，建筑师不仅能在复杂的环境因素中进行思考，同时还能使建筑复杂的形体结构与建造分析变得简单与高效。此外，建筑师还通过引入参数和算法来形成与环境相适应的建筑形体，并通过数字化分析来验证建筑的可行性。这样，过去那些似乎不可能完成的复杂建筑形体成为可能，由此带来建筑结构和形态的多样化。

数字化技术除了为建筑本身带来革新，同时还使工程项目施工朝着高效、精准化的方向发展。从建筑设计到施工甚至到后期物业管理，数字化设计方法实现了全程可视化的操作流程。同时，包括开发商、设计方以及管理人员在内的所有人员都可以通过数字化技术来了解项目进程中的各个节点与建筑信息，进而做出合理、科学的决策，避免设计施工中的重大错误，提高工程实施效率。

2.2.2 建筑产品智能化建造

建筑产品智能化建造是将数字化虚拟建造转变为物质化实体建造的过程。如图2-5和图2-6所示。建筑产品的智能化建造主要依托于对BIM技术的应用来得以实

图2-5 建筑产品智能化建造原理示意图

图2-6 建筑产品智能化建造过程示意图

现。在建筑产品的建造过程中，BIM技术分别可以应用在建筑设计、进度管理、成本管理、质量管理、安全生产和环境管理、运维管理等多个方面。

BIM技术应用在建筑设计中。要想确保建筑工程的智能化，其首要任务则是将BIM技术运用于建筑设计中。在BIM平台搭建完毕后，需要由专业人员提前抵达建筑场地，对现场数据进行勘察收集，待整理完毕后录入已搭建平台的数据库内，便可安排后续BIM建模工作。基于BIM技术的三维建模软件对模型进行创建，通过人工的方式绘制建筑所需基础构件，如柱、梁、板等，同时按照勘测数据输入相关构件参数，软件即可自动建成整栋楼层的建筑模型，并按照内置清单和定额计算规则，计算其工程量。或者可通过将工程图纸导入三维建模软件，智能识别图中建筑基础构件，定义构件参数后即可计算机仿真，计算工程量。同时，在规划设计环节中也能运用到BIM中，例如，住宅区根据周边环境得出BIM模型的模拟数据，规划整体布置方案并创建出更合适场地地形的建筑模型。

对于传统二维图纸而言，很难清晰明确地将施工中的复杂节点、关键部位等标示清楚，而通过BIM模型的可视化特点，则可用三维的形式使设计方更加准确地把控建筑结构的细节之处，易于后续的调整优化。与传统建筑模型相比，设计人员能使用BIM模型渲染建筑项目设计效果，将其设计方案更好地展示给工程建设方。借助BIM模型的可视化特点可以将建筑项目的整体布局和结构细节直观地展示出来，工程业主、施工单位、监理单位及设计单位能准确、快速、全面地获取建筑设计的相关信息，利于各利益相关方更好地进行协同配合。

BIM技术能够应用于质量管理。由于建筑物的建设周期在逐渐缩短，尤其是经历了新冠疫情后，对快速建设高质量建筑物的需求也显现出来。此时BIM技术在保证速度的情况下还能确保高质量的作用也突出体现出来。BIM主要是通过对5大因素（人为因素、材料因素、机械因素、方法因素、环境因素）的管控来保证工程质量。BIM技术能够基于工程施工图纸完成对建筑场地的快速仿真，实现3D可视化技术交底。项目管理相关人员能够基于此完成对施工现场工序的全方位分析，预知可能发生的质量管理问题，对工程建设存在的风险提前进行研究，做好相关应对措施，保证施工质量达到既定工程要求。利用BIM技术对施工质量进行管控，通过对现场施工情况进行勘察，收集整理施工质量信息，将其导入BIM信息平台，平台会自动基于前期设置的质量计划方案进行比对验证，发现问题会第一时间反馈给工程建设各单位，及时做出应对预案防止意外事故发生。

BIM技术能够应用于安全与环境管理。通过将物联网、GIS等技术的应用，将

BIM模型结合VR设备，建立多角度的建筑物漫游模式。对重大安全危险源进行识别，以特定的形式进行标记，将一般危险源与重大危险源区分出来，在项目实施过程中预先予以重视。以往工人们对安全交底的接受程度不高，很大程度归因于施工技术负责人员仅仅只能通过图纸来进行描述，无法准确地传达意图，起到的效果不强。而BIM技术为安全技术交底带来了更多、更直观、更好理解的方式，以动态漫游、三维模拟、虚拟施工等代替传统的图文描述，让工人们提前熟知操作要点，了解现场情况，保证安全交底的顺利实施。在目前环境问题日益凸显的大背景下，施工环境保护已经越来越重要，施工环境管理不仅包括场地内部的管理，还包括施工活动对外部环境的影响。将BIM平台与智能APP结合起来，实现施工环境的动态管理，通过现场视频监控，对各种因素进行实时观测记录，出现问题及时反馈解决。

BIM技术可以实现建筑全生命周期的信息集成管理。运营阶段在全生命周期中是最长的。运营阶段的管理又分为设备维护、资产可视化信息管理、安全管理等。通过使用BIM技术和设备管理系统相结合，使系统能准确记录每个设备的信息，管理人员可以实时地观察到设备的状况，提前维护，预防故障，同时降低维护费用，又能安排具体的周期性维护方案。

智能化建造还体现在智慧工地的运行与管理。第一，数字化手段帮助项目部推进精细化管理，提质增效；第二，通过数字化应用，项目部减少人员投入、缩短工期、提升管理效率，达到降本增效目的；第三，通过数字化手段夯实工程质量和安全生产管理基础；第四，利用数字化技术争创绿色示范工地，打赢蓝天保卫战。

2.2.3　建筑产业互联网生态

当前，建筑业还面临信息化水平低，生产方式粗放，效率不高，能源消耗大，环境污染严重等问题。特别是在2020年以来，新型冠状病毒肺炎疫情的持续波动，建筑业的传统发展方式难以为继，迫切需要加快数字化转型，走出内涵式、集约式发展道路。在百年未有之大变局背景下，新一轮科技革命和产业变革给建筑业转型升级带来了新机遇，要真正把建筑产业链条打通，解决整个产业链的安全问题和韧性问题，提升效率并赢得发展空间，融入人工智能、移动互联网、物联网、3D打印、大数据、VR/AR、BIM、云计算等前沿科技的建筑产业互联网，正是大势所趋。建筑产业互联网是工业互联网原理在建筑行业的应用，通过新一代信息通信技术对建筑产业链上全要素信息进行采集汇聚和分析，目标是优化建筑行业全要素配置，促进全产业链协同发展，提高全行业整体效益，推动行业实现高质量发展。建筑产业互联网为加快建筑企业转型升级和工程建造技术创新创造了条件，为跨领域、全方位、多层次的产业深度融合提供了应用场景，也对重构建筑业生产方式、管理模式、监管方式和商业模式提出了新挑战。国家在政策方面明确提出要加快推动智能建造与新型建筑工业化的协同发展，其中打造建筑产业互联网平台更是政策指向的重点。

建筑产业互联网具有诸多的特点，一是聚焦工程建造为核心和以楼宇运维为中心的生产活动，即聚焦生产活动、建造过程以及运维过程，也就是将先进的互联网技术与专业技术进行融合，解决施工生产现场具体的管理岗位、专业应用问题，使企业的数字化转型真正落地。二是建筑全产业链和企业全价值链的互联网融合和改造，通过搭建互联网平台，把供应商、施工单位、业主方联系起来进行业务对接和流程重组，让资源能够在市场规则下沟通、协同，从而提高资源的利用率，最终改变建筑行业的商业模式。三是全社会范围内人、材、机、资金等的资源配置。传统的项目管理是在企业内部或者在项目部层面上把生产要素进行优化配置，现在则是在整个行业、整个社会范围内让人工、材料和机械更好地流转，提高配置效率。四是基于互联网的工程建设活动在线化、数据化和虚拟化，在施工现场的每一个点都通过手机、PC终端或者PAD进行连接，并将实时采集的数据在云端进行处理，为企业的决策提供数据支持。五是消费者通过对建筑产品使用功能、价格、环境等的诉求，融入建筑产品设计、建造过程。

通过技术创新应用，将BIM技术、物联网技术、大数据技术等信息化技术整合内嵌到日常项目管理活动，以新型产品或服务的形式解决具体的管理岗位、工序作业、人员效率问题，继而进行价值链、产业链融合重塑，创新商业模式，驱动管理模式变革，使得企业的生产力和生产关系发生变化，引发企业生产方式的升级。

建筑产业互联网技术的创新与应用是以"BIM+"为核心，实现各个专项技术的集成应用。包括四个方面：一是以BIM技术为核心，实现工程建设各阶段、各专业、各参与方之间的协作配合，在更高层次上充分共享资源，有效避免由于数据流不通畅带来的重复性劳动，提高生产效率；二是以BIM技术为核心，实现不同应用软件之间能够基于统一的模型和标准进行高效互用，提高模型利用率，创造更大的价值；三是以BIM技术为核心，集成云计算、大数据、物联网和移动应用等先进信息化技术，优势互补，形成对工程建设全过程的监控、管理、决策的立体信息化体系；四是基于BIM技术，建筑产业互联网引领生产过程升级，实现虚拟建造，指导实体建造。在工程实体建造之前，基于数字孪生原理，以BIM为核心，将整个设计过程、建造过程、运维过程进行模拟。随着相关技术的集成应用，产业互联网会促进建筑行业商业模式的创新，在不同的阶段会产生不同的专业平台，包括营销平台、协同管理平台、施工管理平台，这些平台积累的大量数据为整个行业带来持续增值的综合价值。例如，近几年兴起的电子商务、协同云、互联网用工等平台，这些平台也构建了建筑行业互联网新生态，共同促进建筑产业的数字化转型和高质量发展。如图2-7所示。

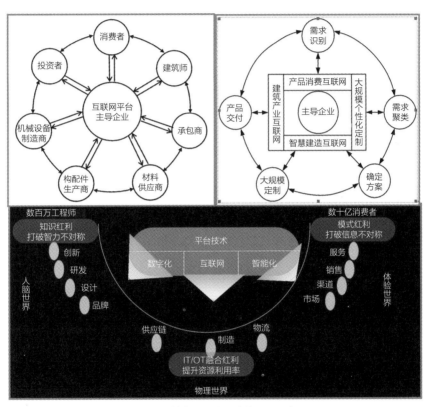

图2-7 建筑产业互联网生态原理示意图

第3章

建筑产品数字化设计

3.1 建筑产品数字设计概述

建筑和建筑设计伴随着数字而在时空演变。"数字建筑"的原生态概念起源于建筑设计。建筑技术、结构技术、材料技术和数字技术的进步使建筑师能够表达和实现在从前只能被概念化的形式。

3.1.1 数字设计基本概念

1. 定义

建筑产品数字设计是以数字化驱动设计技术与建筑数据融合，建立设计全要素、全过程、全参与方的一体化协同工作模式，支撑施工和运维场景在设计阶段前置化模拟，通过全数字化样品，进行集成化交付，从而提升设计效率、增强项目协同、扩展企业业务、提高行业监管水平，最终赋能设计行业数字化转型升级，让每一个工程项目成功。

建筑产品本身及其环境的复杂性决定了有关建筑产品的设计必须建立在理性原则的基础上，用科学设计决策依据来影响设计决策过程。这是一个理性成分占大多数的过程，也是一个设计因素之间存在大量矛盾的设计过程。

在全球新科技革命和产业革命交汇作用的背景下，BIM技术使数字化建筑产品设计成为现实，数字孪生等现代信息技术催生了建筑产品设计过程、建造过程和运维过程的智能化，进而推动了建筑行业的数字化变革。

2. 建筑设计阶段划分

建筑产品设计在很大程度上仍是建筑师的一种感性行为，经验主宰着建筑师们的设计思维。长期以来，建筑审美是设计中的核心问题。人作为审美的主体，对审美的判断只能由经验完成和延续，从而逐渐将建筑设计引入了感性层面。然而，建筑师也必须要对建筑产品设计采用科学且精确的方法来实现，以达到对建筑产品设计过程的理解和呈现。在IEA-BCS ANNEX 30的子项设计过程分析中，将设计过程划分为6个阶段，分别是概念设计、初步设计、详细设计、施工图设计、设备设计、设计优化；与此类似，Markku将建筑产品设计分为3个阶段：方案设计、初步设计、详细设计；针对建筑产品设计阶段，国内有学者将其划分为4个阶段：概念化设计、初步设计、详细设计、设计后阶段（运营和设备管理、人员服务等）；由住房和城乡建设部颁布的《建筑工程设计文件编制深度规定》（2016版）将其划分为3个阶段：方案设计、初步设计、施工图设计。随着住房和城乡建设部颁布的有关建筑设计标准相关内容的不断完善，建筑设计也逐步规范化。建筑设计研究机构对于整体设计过程的认识也基本是一致的，不同的设计阶段联结在一起构成了一个整体的设计过程；归纳起来，建筑设计的整体过程可划分为概念设计、方案设计、初步设计和施工图设计4个阶段。

3.1.2 数字设计的常规阶段

初步设计和施工图设计是数字设计的两个常规阶段。在初步设计阶段，面临诸多的不确定性。一般情况下，建筑师会根据业主的需求结合自己的经验提供多个方案，经过反复的对比、协商、修改，最后确定一个方案进行深入细化设计。在这个过程中通常采用的技术手段是手工绘成图，现在也有很多采用一些软件（如sketch up草图大师等）；然后用CAD对草图进行下一步的细化工作，基本确定一些必要控制性指标，建筑物主要的构造形式等，再通过3DMAX等后期效果工具对方案进行效果图制作（效果图的作用更多的是给甲方一个直观的印象）。这样的过程循环反复，并在最后确定一个最合理的方案作为初步设计的成果。

施工图设计是一个相对稳定的阶段，通常在这个阶段设计信息基本确定下来，方案不会有大的变化，当然某些部分功能形式上的改变还是经常发生。在这一阶段通常使用的设计工具是CAD以及常用的绘图软件。施工图是施工阶段最直接、最重要的依据，也是工程质量，工期，成本的依据。这就决定了施工图阶段是一个比较复杂的阶段，其涉及众多的内容，比如要同时满足相关的建筑设计规范和甲方对于建筑在功能、安全、结构等方面的需求。施工图还涉及很多不同的设计专业之间的配合，例如，建筑，结构，设备，电气等。因此，在施工图阶段需要反复地协调、修改，直至最后综合满足各方面的条件要求，同时还要体现初步设计的设计理念。在通过相关的建设行政主管部门对施工图的审核之后，施工图按合同要求提供给甲方，整个建筑设计流程基本完成。

建筑产品设计的过程应是一个循序渐进并且不断反馈的过程，设计过程的每一个阶段有不同的设计目标、待解决的问题、已知和未知条件。随着设计的不断深入，每一个设计阶段既是前一个设计阶段的延续与发展，又为后阶段的设计提供依据与基础。在每一个阶段中，设计人员需要不断地修改设计方案以获得最佳的设计效果。通过在各个阶段之间建立起具体的层次关系，可以把不同的设计阶段结合成为一个有机的整体设计过程，即覆盖整个建筑物"生命周期"的设计过程。

3.2 建筑产品设计演变的里程碑

建筑产品设计是工程建设的龙头。CAD技术的普及和推广使建筑师、工程师从繁重的手工绘图走向计算机绘图。甩掉图板，将图纸转变为计算机中的二维数据。这样的转变是建筑设计领域的第一次革命，其中手工绘图和计算机二维绘图即各自对应第一、第二座里程碑。CAD技术的发展和应用使传统的建筑设计方法发生了深刻的变化。这不仅把设计人员从设计计算与手工绘图中解放出来，使得他们可以将更多的时间精力放在方案设计上，从而提高了设计效率十几倍乃至几十倍，大大地缩短了设计周期，同时提高设计质量。可以说，BIM为建筑设计领域带来了第二次革命，即第三座里程碑，这是一次从二维图纸走向三维信息设计和建造的革命。信息的内涵不仅包括几何形状描述的视觉信息，还包含大量的非几何信息，如构件的材质、造价、采购信息，材料的耐火等级、传热系数等。事实上，BIM就是通过计算机技术建立一座三维的虚拟建筑物。建筑信息模型提供了一个完整一致的、互相关联的建筑信息数据库。

3.2.1 二维设计

二维设计也称作平面设计，是以长和宽二维空间为载体的设计活动。通过不同视图的描述想象出三维产品的每一个细节。

传统二维设计具有局限性。目前我国的建筑设计工程，通常是在整体规划的指导和制约下，由建设单位提出建筑概念，设计单位拟定工程设计任务书，建筑师按照任务书进行建筑设计工作，最终得出施工图纸，由施工单位进行施工。因此，建筑师在设计目标还没完全明确时便要开始工作，并且在设计的过程之中缺少评价系统的符合性验证，设计出来的中间成果与现实的要求往往不能完全符合。

由于整个设计过程基本在二维的状态下进行，设计之中的很多隐含的问题只有在施工阶段暴露出来，造成严重的后果。目前，我国传统的建筑设计过程呈现一种"串联式"的特征。也就是说，建筑产品设计的各个阶段是一个接一个进行的，完成了上面一个阶段才会进行下面一个。设计人员完成整个设计方案之后再完成施工图交给施工单位，便不再参与工程建造的实施过程。在这种模式下，设计与建造是分离的两部分。串联设计基于手工设计图纸为主，设计表达存在多义性，缺少先进的协同平台，不足以支持协同化产品开发设计。同时，传统的二维设计都是用固定的尺寸定义几何元素，若要进行图样修改，只有删除原有的线条重新再画。施工图不可避免地要进行多次修改，而大多数修改都是在原有的基础上进行的，增加了大量的重复劳动，而且延长了设计修改周期。

因此，传统的建筑设计环境已经渐渐无法适应当今社会可持续发展的需要。目前日益复杂的建筑类型和新时代对绿色低碳节能设计的需求迫使建筑师不得不改变目前的状态，应用当前先进的软硬件技术，对整个建筑设计过程进行改革，以适应建筑行业高质量发展的新要求。

3.2.2 CAD技术

20世纪60年代，美国麻省理工学院率先开发出计算机辅助设计技术（简称CAD）。计算机辅助设计是指利用计算机及其图形设备帮助设计人员进行设计工作。

在设计过程中，借助于计算机对不同方案进行大量的计算、分析和比较，以决定最优方案。各种设计信息，不论是数字的、文字的或图形的，都能存放在计算机的内存或外存里，并能快速地检索。设计人员通常用草图开始设计，将草图变为工作图的繁重工作可以交给计算机完成。由计算机自动产生的设计结果，可以快速绘制图形，使设计人员及时对设计结果作出判断和修改。利用计算机可以进行与图形的编辑、放大、缩小、平移、复制和旋转等有关的图形数据加工工作。CAD技术从根本上改变了传统的依靠手工绘图、凭借图纸组织整个生产过程的技术管理模式。

根据模型的不同，CAD系统一般分为二维CAD系统和三维CAD系统。二维CAD系统一般将产品和工程设计图纸看成是"点、线、圆、弧、文本……"几何元素的集合，系统内表达的任何设计都变成了几何图形，所依赖的数学模型是几何模型，系统记录了这些图素的几何特征。二维CAD系统一般由图形的输入与编辑、硬件接口、数据接口和二次开发工具等几部分组成。

三维CAD系统的核心是产品设计的三维模型。三维模型是在计算机中将产品的实际形状表示成三维的模型，模型中包括了产品几何结构的有关点、线、面、体的各种信息。计算机三维模型的描述经历了从线框模型、表面模型到实体模型的发展过程，所表达的几何体信息越来越完整和准确，能解决"设计"的范围很广。由于三维CAD系统的模型包含了更多的实际结构特征，使用户在采用三维CAD造型工具进行产品结构设计时，就能反映实际产品的构造或加工制造过程。

CAD从20世纪80年代开始在我国少数建筑院所使用，对于建筑设计业中的工程师来说早已不再陌生。但最初由于硬件性能、价格的限制、CAD软件自身的缺陷，人们还无法完全摆脱手绘制图。到90年代末由于软硬件性能的提高和完善，以及CAD技术的突出优点，使得CAD迅速在全国普及，大大推动了中国建筑设计业的发展。随着人们对CAD技术的熟悉，它的一些缺点也暴露无遗，所以也有很多设计师并未完全认同这一技术，认为它限制了建筑设计业的发展。

1. CAD技术的优势

CAD技术有以下几项优点：一是绘图劳动强度降低，图面清洁。当采用手绘绘图时，工作人员常常手里拿着几只不同粗细的墨笔，丁字尺、三角板、曲线板等工具不停地在手里更换操作，而且一旦画错，修改非常麻烦，甚至从头来过，图面修修补补显得脏乱。用CAD绘图则可以一只鼠标做你想做的任何事情。它有统一的线型库、字体库，图面整洁统一。CAD软件所提供的UNDO功能让你不必担心画错，它可以使你返回到你画错之前的那一步。CAD软件绘图真正做到方便、整洁、清洁、轻松。二是设计工作的高效及设计成果的重复利用。CAD软件可以将建筑施工图直接转成设备底图，使给水排水暖通、电气的设计师不会在描绘设备底图上浪费时间。而且现在流行的CAD软件大多提供丰富的分类图库、通用详图，设计师需要时可以直接调入。重复工作越多，这种优势越明显。结构计算的高效，一个普通的框架结构，以往手工计算需要一个星期左右时间，用CAD最快一天就可以完成。三是精度提高。建筑设计的精度一般标注毫米，结构计算的精度也不是很高，施工时的精度更低，但对于一些特型或规模大、复杂的建筑离开了CAD困难将成倍增长。CAD在日影分析、室内声场分析、灯光照度分析等方面的计算精度、速度也是手工计算无法比拟的。四是资料保管方便。CAD软件制作的图形、图像文件可以直接存储在软盘、硬盘上，资料的保管，调用十分方便。五是CAD在建筑表现图上的优越性。CAD制作的建筑效果图其透视关系、光影关系、建筑材料的质感，都可真实再现。六是设计理念的改变。CAD的智能化将部分取代设计师的一些设计工作。随着信息技术、网络技术的发展，跨地区合作设计，异地招标投标、设计评审也将普及。

2. CAD技术的不足

CAD技术在给建筑设计业带来巨大效益的同时其负面作用也日益显现。一是CAD软件自身功能的局限性使CAD技术束缚设计思想、灵感、创意。二是CAD的标准化、工业化使得建筑作品千篇一律，缺乏灵气、缺乏个性。三是CAD投入大、资源浪费和维护费用高。

综上所述，CAD技术给设计师带来了极大的方便，但也带来了许多负面效应。要客观正视它的局限性，充分发挥它的长处，使CAD技术更好地为建筑设计服务。

3.2.3　三维设计

三维设计是在二维设计的基础上，增加了立体空间感。在进行二维设计的时候，可以用x轴和y轴来分别表示长和宽。在进行三维设计的时候，则是增加了一条z轴来表示高。这样的设计效果，就增添了视觉的立体感。

三维设计是一种让设计目标更立体化，更加具象，更形象化的新兴设计方法。三维设计可以帮助设计者非常形象地进行设计工作。三维设计是一种新一代的数字化、虚拟化、智能化的设计平台。

三维设计技术将现实虚拟化，形成了图形与工程数据的统一、主观与客观的统一、理论与现实的统一，真正将工厂建到了"纸"上。设计的修改，在三维模型上进行，所有的设计成品都是从经过修改后的模型中抽取，保证了设计成品的一致性，可以随意的实现二维出图和抽取轴测图，使得出图质量和速度大大提高。三维设计软件自带的REVIEW功能可以直观真实地展示出设计方案，通过碰撞检查等手段可以提前发现专业内外的配合问题，使施工阶段的差错大大减少。

在日常的设计工作之中，CAD技术非常有效地使绘制的图纸更加精确，由于其具有可重复性和可修改性，使得建筑师的工作效率有了极大地提高，大大节省了人力和财力。通过其他的软件开发，可以扩充CAD的应用范围。目前，我国建筑设计方式中存在的问题，是由二维计算机辅助建筑设计（CAAD）系统本身的局限性所致，并不能通过自身的改进彻底解决这些问题。

随着计算机技术的高速发展，如何将原本分割零散的建筑设计信息集合起来，如何解决建筑设计信息在产业链上传递的障碍，如何建立一个一体化的建筑产品设计平台，这将成为提高建筑业生产效率和工程质量的一个重要途径。为此就要引入建筑信息模型。如果用简单的语言表述，可以将建筑信息模型视为数码化的建筑模型。在这个模型中，除了几何图形外，所有组成建筑物的建筑单元（构件）所包含的信息同时具有建筑工程实体的物理、性能、商务等数据。根据构件的这些数据，可以由系统自动计算出建筑产品生产过程所需要的设计、计价、采购、施工等方面准确信息，诸如建筑的平面、立面、剖面、详图、透视图、材料表或是计算每个房间自然采光的效果、冬夏季需要的空调电力消耗等。

3.2.4 BIM设计

BIM是一种在计算机辅助设计（CAD）等技术基础上发展起来的多维建筑模型信息集成管理技术。BIM技术已成为建筑设计的发展趋势。

BIM也是建筑产品生产、分析流程的模型化技术。BIM基于云技术，能够实现设计到施工阶段自动化传递数据的互联网在线转换工具。在自动转化的过程中，含有属性信息的构件或供应商产品的标准信息都将加载在几何模型上，包括产品信息如材料颜色、材质等，以及施工安装信息和保修信息等，通过这一环节的信息数据具象化，可以增强后续施工环节的可预测性。以数字形式表示的建筑构件携带着可计算的图形数据信息，被定义的数据支持软件应用和参数化规则，能被更智能化地控制。建筑构件信息具有一致性和连续性，可以进行建筑分析、工作流程设置、成本统计规格说明、能源分析、碳排放分析。建筑构件数据能让各专业模型视图更好地协同工作。当局部改变时，所有视图皆可随之自动调整。

需要注意的是，BIM不等同于3D模型。3D模型只包含三维几何数据而没有或很少有对象属性数据的模型，只能用于图形可视化，并不包含智能化的构件，几乎不支持数据集成和设计性能分析。例如，Sketchup，其在建筑概念设计阶段应用较多，其3D模型因没有对象的属性信息，除了可视化应用外，不能进行建筑设计、施工数据分析工作。

1. BIM技术的优点

BIM技术是一种面向工程设计、建造、运维、管理的数据化工具。从建筑设计、施工、运行直至建筑全寿命周期的终结，在整个寿命周期内与实物相符的建筑信息都整合在一个三维模型信息数据库中，这些建筑信息不仅包括建筑物的几何信息、专业属性和状态，还包含比如空间、运动行为等的状态信息。因此，工程建设的各个利益相关方，从设计团队、施工单位到设施运营部门和业主等都可以通过BIM进行信息共享、协同工作，预防工程项目在各个阶段可能发生的问题，使各方及时对问题做出正确的理解和高效的应对，从而有效提高工作效率、节省资源、降低成本。常见的例子就是BIM设计可以解决工程中由于各方沟通不到位出现的专业碰撞问题。BIM技术作为建筑工程行业的一种基于计算机信息技术和仿真模拟分析技术的数字化管理工具和手段，具有以下特点，即信息的完备性、信息的关联性、信息的一致性、信息的可视化、信息的协调性、信息的模拟性、信息的可优化性和信息的可出图性。

1）信息的完备性

信息的完备性指的是不仅可以对建筑工程进行三维几何信息的表达外，而且还能对其非几何信息进行表达，这样就组成了建筑工程项目一套完整的真实信息表现形式，比如：图元型号、结构样式、方案内容、建筑物性能指标等设计阶段的信息；工艺技术流程、生产进度、质量安全、成本以及生产要素资源等施工阶段的信息；设备设施的维保信息、材料的腐蚀程度、结构构件的受力监测等运维阶段的信息。

2）信息的关联性

BIM模型中的图元是可识别且参数信息是互相联动的，软件平台可以针对于BIM模型所承载的信息进行实时地更新计算，并生成对应的图表和数据。如果BIM模型当中的任何一个图元模块发生了变动，与之联动的其他所有构件信息和参数都可以进行同步的更新与变动。

3）信息的一致性

在建筑工程全生命周期的各个阶段节点，与其对应的BIM模型中所含的数据参数信息是互相一致的，不会存在着重叠信息的出现。并且BIM模型所含的信息一直保持着实时联动更新状态，不同阶段的BIM模型可以简单地进行维护与更新，而无需重新建模，从而减少了在不同阶段信息不一致的错误。

4）信息的可视化性

在BIM模型中，由于整个过程都是在可视化的状态下进行的，因此，可视化的成果不仅可用作效果图展示以及图表生成，更关键的是，建筑工程在设计、建造、运维全生命周期过程中的沟通与交流、研究与分析、商讨与决策等都是在可视化状态下完成。

5）信息的协调性

建筑工程在全生命周期的各个阶段中，各个参与方之间无不在进行着协调管理工作，协调效率直接影响着建筑工程项目管理的效率高低。BIM模型可在建筑物实体未建之前对各专业之间可能存在的碰撞点与盲点进行预先协调，生成协调分析图表，可进行导入导出，用于方案的决策和现场施工指导。BIM的协调性也并不仅只解决各专业间的碰撞现象，它还可以解决专业工程与其他工程中无法协调的问题，例如，楼梯间与其他专业设计之间的净空协调；防火分区与其他设计之间的协调；钢结构节点与其他专业之间的深化协调。

6）信息的模拟性

根据BIM模型可以添加各阶段的参数信息，对其预先进行模拟演练，然后分析研究，为方案的优化和完善奠定了科学合理的数据基础。在设计阶段，BIM技术可对设计中所需模拟的一些部位、方案等进行模拟分析，例如，能耗模拟、人员逃生模拟、日照分析模拟、热能分布模拟等。在招标投标和建造阶段可进行4D施工模拟（即4D=3D+时间维度），即根据施工组织设计方案导入BIM模型中进行仿真分析模拟，进而对施工方案进行优化完善，用以指导现场施工的使用。人们还可以通过BIM技术对建筑物本身进行5D成本的动态模拟分析（即5D=4D+成本信息维度），实现了成本管理与控制的信息化发展。在建筑物的运维阶段还可以运用BIM技术对人员在紧急情况下的逃生进行模拟、机房设备设施的运行+模拟等。

7）信息的优化性

建筑工程的全生命周期过程每时每刻地进行着优化工作，通过运用BIM技术可以做更好的优化、更好地做优化。BIM模型承载了建筑物的全过程所有的真实信息，包括几何信息与非几何信息。由于现代建筑物的规模和复杂程度远远超过各参与方的能力极限，BIM技术对复杂项目提供了进行优化的所有可能性。

8）信息的可出图性

根据BIM模型可以随意进行空间任意角度的剖切，可以制作出相应的平面图、剖面图和三维视图，这些图纸都是根据BIM模型进行实时动态更新。由BIM模型导出的图纸可以对建筑物进行可视化分析、协调、模拟和优化等。

2. BIM设计与三维设计的区别

一般意义上的三维模型是一种简化描述现实物体的虚拟模型。在这个模型中，为方便人们在电脑中直观地看到它，并对它进行编辑，很多信息被去除了。普通的三维建筑模型中并不包含构件材质等属性的信息，也没有环境物理细节信息。BIM与三维模型是两不同的概念。BIM模型并不是为了简单直观地表达一个建筑实体的形态，它的每一个构件（窗户、墙、门等）模型中都包含了大量详细的信息。例如，门的模型中包含的门的材质，描述它是个木制门、金属门还是木面包金属骨架的门，还会包括门把手的型号、门的价格等，各种信息都集成在这样的一个BIM模型之中。而按照以往的设计方式，这些信息都被设计师手工写在二维的平面图纸上，通过专门的图标列表来描述上述信息，比如门的材质、结构、型号等。

（1）两者在建筑设计方面之间的差异。传统的三维设计方法仅仅可以对三维效果图进行构建，并能对建筑工程进行虚拟。BIM设计一方面可以实施三维建模及虚拟现实等基础功能，另一方面还可以对建筑工程进行设计、相应数据信息的分析与工程项目实施的管理等，表现出比传统的三维设计方法更为优异的功能。

（2）传统三维设计方法在协调方面表现不足，而BIM设计技术的协调性较强。一方面可以依据数据库中的数据信息对后期的施工过程以及工程项目的运营管理实施指导，另一方面还可以依据不同环节相应的数据信息进行协同性与自动化检查，对建筑工程进行全方位的观察，有助于及时发现工程建造中所存在的问题，并及时进行科学的处理，帮助整个工程在完成之前进行变更和优化调整，最大限度地减少在设计方面所出现的失误及偏差，降低人力与物力的投入，节约工程成本。

（3）传统的三维设计方法是在二维平面设计的基础上展开的，因而其数据信息之间没有严谨的逻辑关系，但在BIM设计中所存储的数据信息具有严格的逻辑关系，相应环节的数据发生改变将会引起其他环节的联动更新，这样将有助于保证工程设计的严谨性和准确性。

（4）与传统三维设计方法相比，BIM设计具有可视化设计的特点。随着建筑工程项目管理的复杂和多样化，工程内部所涉及的环节将会越来越复杂，此时单纯的依靠设计师自身的想象与二维制图是很难实现的，而BIM设计能够让设计师对整个工程所包含的各种结构及布局情况进行直观把握，从而大大降低设计师所承担的压力，保证设计成果的质量能够符合客户的需要。

（5）基于BIM的设计流程比传统二维设计流程更加符合现代化设计理念的表现与达到设计要求。

3.3 建筑产品设计的数字化转型

BIM技术已经成为建筑产品设计的重要手段，可以用于草图设计，帮助建筑师产生设计构思。对于一些结构造型复杂、难以描绘的建筑物形体，借助于计算机辅助建筑设计，能够准确表达设计思想和意图。BIM软件将数字化的建筑实体的构件作为设计元素，能自动计算和反映这些元素之间的空间关系和功能联系等，为设计师想象力的发挥提供了极大的空间。

在建筑产品设计中，运用BIM软件，将创建一个包含实际建筑物所有特征的虚拟建筑物模型。这个包含了建筑物所有特征的3D数字模型成为设计的核心。BIM技术不仅将纸质文件转变成电子文档，也不仅只是雅致的3D渲染和精致的施工图，电子文档只是其中的一个组成部分。当以模型为基础的3D、2D技术与信息相结合，建筑设计师就拥有了更加快速、高质量、更丰富的设计过程。这样不仅降低了风险、达成了设计意图，而且质量控制得到改进，交流更加清晰，高性能的分析工具也就更容易被接受。较低层次的设计工作内容，例如，绘制图纸、文档生成、创建进度表等都是自动的。一个建筑设计不同视图的图纸在修改的时候都会自动更新。通过BIM技术，建筑设计师能充分利用计算机的工作效能来提高设计价值。

在某种程度上，可以把BIM看作建筑行业数字化、信息化进程在进入21世纪后出现的一个由量变到质变的标志，也是建筑产品设计数字化转型的里程碑。这在本质上是建筑设计领域由"二维"设计转向"三维"设计的过渡。从最初的建筑创意到深入设计，再到施工图阶段、施工阶段，以至于建筑建成后的运维阶段，已经形成了与之相应的三维应用技术，而这些技术的使用底座平台就是三维的建筑信息模型（BIM）技术。

3.3.1 从二维设计到三维设计

目前，建筑业的相关标准、政策规定、行业惯例是以二维图纸作为最终设计成果进行交付。因此，在目前国内建筑行业设计成果的展示、相关单位对工程项目的组织与管理均是以二维平面图纸为正规技术文件进行的，这也成为BIM技术在国内建筑行业难以广泛应用的一个重要的阻碍因素。

在二维平面设计中设计人员必须具有较高的空间想象能力才能真实感受到建筑内部空间的具体构造形态，这对设计人员的空间想象力有较高的要求。并且设计师对建筑的空间感受是一个连续的过程，单纯依靠二维图的空间表现不能详细的说明建筑的空间序列。基于BIM的三维设计已经完全可以实现虚拟现实，通过对真实空间的虚拟展示，可以为设计人员提供逼真的视觉、听觉感受。使用三维仿真软件构建出的建筑模型是真实建筑的实体映射，在模型中可以显示各构件材料以及材质的属性，还能随时查看所有建筑构件的信息资料，设计人员能够完整、准确地感知真实的建筑功能。此外，相对于二维平面绘图，BIM三维设计能够精确表达建筑物的几何特征，不存在几何表达障碍，能够通过软件的参数设置准确表现任意复杂的建筑造型。

在虚拟情境中进行建筑设计，建筑师可以随时看到设计的效果。在设计的任何阶段，都可以从各个角度观察场景、造型、空间的效果。在设计过程中，建筑师可以不断地像模拟建造一样反复考量重要的空间元素，确认材料是否合适、颜色是否配置，以及所创造的空间是否与环境和谐。模型的观察方式非常灵活，根据建筑形体关系，建筑设计师不仅可以从外部任意角度检视建筑，还能以使用者的视角穿行于建筑内部的任何地点感受空间变化。同时，也可以定义不同方位角度的截面、投影面、剖透视，全面感知建筑物的各个细节。基于BIM技术的虚拟建筑设计方式很大程度上释放了建筑设计师的想象力和创造力。对于建筑学专业的设计人员，建筑信息模型的建立，比动画软件中的建模更加具有实用意义。因为软件中操作的几何体都和建筑构件相对应，互相之间有特定的逻辑关系，在很多时候会减少建模的工作量。

尽管三维属性是BIM设计的基础，但不是其全部内涵。BIM模型不仅包含三维设计过程赋予建筑构件的空间几何数据，而且在三维模型的基础上将材料特征、物理特征、力学参数、设计属性等非几何信息集成到BIM模型中。BIM模型可以通过三维仿真软件的图形运算功能，在符合相关设计专业出图规则的同时自动获得设计项目的平面图、剖面图、立面图等二维图纸。

3.3.2　三维环境下的建筑空间设计

二维环境下的建筑空间设计依赖于建筑师的空间想象能力，建筑师无法真实感受建筑内部空间。建筑师对建筑内部空间的表现与亲自感受缺少相应的技术手段。

当今的计算机技术已经完全可以实现虚拟现实，虚拟空间可以提供逼真的视觉、听觉效果，进行交互式实时漫游。虚拟现实中的建筑模型不仅具有表面的材质显示，还具有相应的材料属性，并可以随时查看建筑构件的信息资料。虚拟现实可以真实模拟人物在建筑中的各种活动，天气以及光影效果。但遗憾的是这样的技术至今还没有全面应用在建筑设计领域。但显而易见，建筑设计领域完全可以实现虚拟现实漫游。

使用虚拟现实技术，建筑师可以在方案阶段体验建筑空间以及建筑细部，对建筑材质、光影效果也可有虚拟体验，并可及时调整设计方案，更有利于在方案阶段解决矛盾和冲突，虚拟现实提供了重要的视角与空间体验。虚拟现实的构思表现过程与模型推敲过程使得建筑模型的精确度更高，对照建筑师构思表达的准确性有着无法比拟的效果。

以建筑信息模型为基础，虚拟现实使得每个建筑师都可以享受大比例模型般的便利。设计师可以在任何阶段都进入真实大小的虚拟模型空间中审视方案，体验建筑投入使用后的功能效果，从用户角度审视建筑的比例、空间感受、建筑细部处理等，并对建筑方案进行优化调整，使建筑师更有效准确地把握建筑的实际效果和尺度。

总而言之，建筑信息模型的建立为虚拟现实技术的实现提供了技术条件，在建筑设计的过程中，提供了与建筑互动的模拟、迭代和推敲方式。传统的设计模式借此发生了巨大的变化。

3.3.3 三维环境下的建筑造型设计

建筑设计的信息化突破了建筑设计人员传统的绘图程序，由于原有二维设计模式，设计师通常先确定造型，然后对应画图纸，建筑信息模型的建立过程统一了这两个步骤。设计师适时地调整造型，这样的模式使得造型准确，达到预期效果。技术的发展也使得建筑空间的构思更加广阔，功能、环境和造型也能达到最佳的结合。

设计师根据最初构思，方案的绘制过程与造型表达过程完美结合，建筑师随时对原有构思进行深化与更改。美国当代建筑师弗兰克·盖里（Frank Gehry）开创了建筑信息模型应用的先例，在信息模型的设计应用上进行了开拓性的尝试，也证明了信息技术发展对设计的变革，依靠完善的技术处理和组织实现信息技术与设计结合的现代建筑。盖里在巴黎的美国中心（American Center）设计中，通过一系列模型的不断改善，直至形成了一个独特的建筑。盖里在做模型时先用方块排列功能，在此基础上安排曲面，然后使用三维空间数字化仪（3D digitizer）将曲面的坐标输入电脑，用CATIA软件制作建筑信息模型，成为源于航空航天工业的信息模型软件CATIA在建筑领域的成功实践。盖里的建筑信息模型不仅应用于建筑物建造的施工过程，在设计阶段也应用于结构和材料的分析，有效解决表面复杂的面板设计。

3.3.4 三维协同设计现存的问题

虽然基于BIM技术的协同设计相较于传统的设计方式拥有很多的优势，能够弥补传统设计方法的诸多不足。但是，目前基于BIM技术的协同设计在我国建筑行业的应用却不是很广泛，造成这种现象的原因主要有以下几方面：

1. BIM技术应用有难度，需要经过专门培训

目前国内包括建筑设计院在内的绝大多数设计单位的主流设计软件仍然是AutoCAD软件。多年来AutoCAD被广泛的用于建筑业的设计过程中，利用AutoCAD绘制的二维图纸也一直作为最终设计成果进行工程项目的交付。AutoCAD软件技术比较成熟，加上多年以来被各设计单位所青睐，形成了比较完善的设计规程。要想取代AutoCAD技术利用BIM技术进行协同设计，需要设计人员从根本上转换设计观念，难度较大。BIM技术作为新兴的设计技术，需要设计人员花费一定的时间与精力来学习，掌握其在设计过程中的应用技巧及方法。

2. BIM技术应用风险程度高

目前，我国的工程建筑设计行业因为各种原因限制，普遍存在着设计时间短、施工周期紧张等问题。设计单位为了获得市场份额，会在最短的时间内高质量完成初期设计内容。但是如果在设计开始阶段就运用BIM技术进行专业间的协同设计，设计单位无法保证在现有的技术条件支持下，在短时间内完成各专业的设计任务。因此，设计单位采用BIM技术进行协同设计会有一定的风险，导致许多设计单位在进行协同设计时仍采用以往的模式。

3. BIM技术应用的相关机制不到位

BIM技术作为引进国内的较为先进的技术仅在各大设计单位应用，还没有引起整个建筑行业的重视。国家相关部门对BIM技术在国内的发展应用也没有制定比较完整的相关标准和政策。同时，项目的其他参与方对BIM技术的要求不多，比如业主方注重的是最终的工程项目成果，不在乎是否采用BIM技术进行过程的控制。只有在某些高端建筑设计中，业主方对BIM技术有一定了解的情况下才会要求设计方必须使用BIM技术，并通过专业间的协同设计构建BIM模型。

4. BIM技术应用缺乏相应的软件支持

目前，大多数的BIM软件都是从国外引进的，虽然国内服务于建筑行业的相关软件开发单位也在积极地研发BIM软件，但是目前市场应用较为广泛的软件仍是由国外企业生产的。而国外企业软件的开发大多基于国际通行的标准，软件中的许多设置不符合我国建筑行业现行的标准和规范的要求，这就导致了BIM软件在实际应用中受到限制，在一定程度上阻碍了国内BIM技术的发展。以广联达科技股份有限公司为代表的软件开发商已经在建筑设计软件产品上实现了自主可控国产软件的突破。

3.4　从数字化设计走向智能化建造

随着建筑行业及相关领域（如智能制造、材料技术、环境技术）的迅速发展，特别是目前大数据、云计算、人工智能、互动技术、虚拟及增强现实技术的不断开发，数字建筑设计正在与新兴产业领域相结合，并在某种程度上引领建筑行业向新的方向拓展，从而形成新的数字建造产业网链。智能化建造是信息化、数字化与工程建造过程高度融合的创新建造方式，智能建造技术包括BIM技术、物联网技术、3D打印技术、人工智能、区块链、元宇宙等技术新兴信息技术在建筑产业领域的应用。智能化建造的本质是基于物理信息技术实现建筑产品生产过程的数字化变革，并结合设计和管理实现动态配置的新型建造方式，从而对施工方式进行改造和升级。智能建造技术的产生使各相关技术之间快速融合发展，应用在建筑行业设计、生产、施工、管理等环节中，智能化建造正引领新一轮的建造业革命。智能化建造的发展主要体现在设计过程的建模与仿真智能化，施工过程中利用基于人工智能技术的机器人代替传统施工方式，管理过程中通过物联网技术日趋智能化，运维过程中结合云计算和大数据技术的服务模式日渐形成。

智能化建造的核心关键是联接，要把施工现场、工程机械设备、生产线、构件工厂、供应商、建筑产品、客户紧密地联接在一起。智能化建造适应了万物互联的发展趋势，将无处不在的传感器、嵌入式终端系统、智能控制系统、通信设施通过信息物理系统（Cyber-Physical Systems，CPS）形成一个智能网络，使得产品与施工场地、工程设备之间、不同的生产设备之间以及数字世界和物理世界之间能够互联，使得工作部件、系统以及人类能够通过网络持续地保持数字信息的交流。其主要包括虚拟和现实的互联，施工现场、生产设备的互联，设备和建筑构件的互联等。智能建造的生产要素是数据，随着工程互联网和智慧工地的推广、智能装备和终端的普及以及各种各样传感器的使用，将会带来无所不在的感知和无所不在的联接。所有的工程机械装备、人、物料感知设备、联网终端，包括建造者本身都在源源不断地产生数据。这些数据将会渗透到建筑施工项目管理、企业运营、价值链乃至建筑工程的整个生命周期，在智能化建造的背景下将呈现爆炸式增长态势。项目管理、施工现场、数字工厂的数据、建筑构件的数据、建造过程产生的数据，都将对企业的运营、价值链的优化和产品全生命周期的优化起到重要支撑作用。智能化建造是生产方式创新，施工生产方式发展的过程实际上也是中国建造创新发展的过程，包括技术、工法、建筑产品、模式、业态、组织等方面的创新将会层出不穷。

尤其是建造过程中数字模拟技术拓展了人类的想象力空间，再加上新型高科技材料、机器人精确加工、3D打印技术的应用，将会生产出一些更加富有科技含量的新工艺、新产品和新型生产方式。

3.4.1 数字化设计的引领作用

标准化设计是实现建筑工业化、工厂化生产和装配化施工的前提，是引领智能建造实施的先决条件。在设计中，应强调运用模数协调和模块组合的方法来实现标准化的设计，同时重视各专业在设计不同阶段的协同工作。标准化不仅限于建筑的标准化，还包括结构、机电、内装及关联部品部件的标准化、系列化，不仅限于技术的标准化，还涉及管理的标准化。需要注意的是，标准化设计不等于千篇一律，标准化和多样化应该是对立统一的有机整体，应该立足于实现多样化前提下的标准化。值得一提的是，更高层次的标准化，在人工智能时代既可通过交互式菜单选择，也可以通过数字驱动的个性化定制来实现。

智能建造要依托数字设计来牵头实现。通过BIM等数字化技术搭建一体化协同设计平台，支持"全员、全专业、全过程"的应用，建筑、结构、机电、内装、造价等专业在平台实现高效协同，并提供模块化、轻量化的数字信息模型。该模型集成相关信息，构建模块化的构件库、部品库和资源库，支持将设计、生产、施工、供应商等资源结合在一起，实现全过程的协同，优化资源配置。目前，业内基于BIM技术的数字化设计推广发展不均衡，一些大型央企普及率较高，而大量的中小企业和民企还有较大差距，从企业资质角度来看，资质等级较高的企业BIM技术应用规划更完善的趋势。这种状况亟待建筑行业从总体规划、政策倾斜、规范标准制定等方面进行顶层统筹推进，唯有全行业内企业的整体升级，才能实现协同合作及上下游产业链衔接的信息全面准确共享，进而提升建筑设计及建造落地的实施质量。

3.4.2 数字化设计与智能化建造一体化

智能建造的必备条件是形成标准化、模数化、一体化的集成设计模式，借助协同设计软件和BIM平台实现从单一设计向协同设计的工作模式转变，依靠标准化产品体系高效实现集成产品开发设计。目前设计阶段的技术缺位主要表现在：一是缺少高度协同的设计模式，各专业间沟通协调不力，二次拆分设计现象普遍存在；二是缺少高端的标准化设计团队，传统设计人员思维定式，缺乏标准化设计思维和相应工程设计实践经验。对此，建筑设计企业作为核心企业，应通过以下措施进行"技术补位"。

（1）应用智能化的设计工具。大力推广及应用智能化设计软件和平台，实现以BIM信息化为基础的协同设计，以大数据和人工智能为基础的智能设计和基于VR和AR的沉浸式交互设计，推动设计阶段各专业信息畅通，提高设计效率，更好地满足多样化的设计需求。

（2）引进高端设计团队。开展相关专业设计技能培训，提高现有设计人员的设计能力，提升行业设计水平和设计质量。

（3）推进建筑设计与智能建造的一体化协同，BIM设计结果直接流转到建造过程，成为建造过程技术和管理的数字信息输入，确保施工工序的进度、成本、质量、安全的无偏差控制，使设计模型更加精确地转化为建筑物实体。

3.4.3 智能建造与新型建筑工业化协同

随着科技信息化的快速进步和经济社会的飞速发展，全球基本上已迈入了数字化和网络化的智能社会时代。城市规建管的信息化应用水平在不断提升，智慧城市建设正在快步稳健发展。当前建筑工业化正迈入大数据信息化时代，在物联网、智能化建造和BIM的双重作用下，尽早掌握工程建设项目管理的大数据思维，就会占得发展的先机。新型建筑工业化作为一种全新的、绿色的、可持续发展的建筑业生产方式，是我国建筑业转型升级的必然趋势。目前，我国推行新型城镇化建设、"一带一路"倡议和"新型基础设施建设"决策，建筑规模不断扩大，推行新型建筑工业化体系建设显得更加迫切。与传统建筑生产方式相比，以装配式建造方式为代表的新型建筑工业化主要有节约资源，减少环境污染、提高工程建设效率、提高建设工程质量和安全生产水平等方面的优势。智能建造体系的植入将会为新型建筑工业化提供新引擎，将有利于提高建筑业科技水平和管理水平；有利于促进进城务工人员向建筑产业工人转变；利于推动建筑业工程建设管理体制的变革；有利于推动整个住房和城乡建设领域技术进步和产业转型升级，实现建筑基准期的成本最小化、质量最优化、效益最大化、信息数据化、数据智慧化。智能建造与新型建筑工业协同化的推进，将使建筑全寿命周期管理落地更加规范化、科学化、绿色化、生态化、系统化、工业化、数字化、智能化，真正实现可持续发展的目标。目前，虽然新型建筑工业化在我国已处于快速稳步发展阶段，但工程建设项目多方协同问题一直没有得到有效地解决，而项目协同问题直接关系到未来新型建筑工业化能否在我国实现规模化、智能化的良性发展。而智能化建造技术的发展与应用可促使新型建筑工业化实现开发、设计、生产、施工、物资等环节的联动，通过更精细、更高效的配合，从而保证项目全生命周期的产、销、管、控、营一体化；可满足工程项目的不同功能需求和不同参与方的个性需求，构建工程项目建造和运行的协同智慧环境，促进技术创新和管理创新，从而对建筑产品全生命周期的所有过程实施有效的改进和管理，进一步推动新型建筑工业化的良性发展。

一方面，智能建造与新型建筑工业化在标准化设计、工厂化生产、装配化施工、一体化装修、信息化管理、智能化应用方面尚存在广泛的协同管理空间。另一方面，随着我国智能建造技术的不断创新发展和新型建筑工业化水平的不断提高，建筑行业对"新基建""新城建"项目的落地进一步加快，新型建筑工业化在规划、开发、设计、生产、施工、物资等环节的联动难度越来越大，而业内对智能化建造与新型建筑工业化协同的需求越来越大。若不对其在规划、开发、设计、生产、施工、物资等环节过程中产生的负面影响加以控制，势必会影响建筑行业的良性转型升级和经济社会的健康发展。同时，也关系到整个建筑产业链上各企业自身利益。在激烈的市场竞争下，建筑企业如果不以降低消耗、提高效率和绿色低碳为手段则很难实现持续健康稳步发展。

智能建造的未来要聚焦于互联网、大数据和智能机器人应用领域，面向未来开展颠覆性、革命性的集成创新。从过去的单点升级为全面涵盖数字设计、数字生产和数字施工三大环节关键技术的系统工程，打通数字信息在新型建筑工业化全过程有效传递的壁垒，融合建筑机器人应用，构建全产业链条的智能建造体系。

第4章

建筑产品智能化建造

4.1　智能建造内涵与构架体系

4.1.1　智能建造的内涵

　　智能建造是随着新科技革命与新产业革命深入发展而形成的一种新型工程建造方式，是建立在高度数字化、工业化、集成化和社会化基础上的一种信息共享、全面物联、协同运作、激励创新的建筑产品生产方式。丁烈云、李久林等专家认为，智能建造是建立在BIM、物联网、云计算、移动互联网、大数据等信息技术之上的工程数字化建造平台，它是信息技术与先进工程建造技术的融合，可以支撑工程设计及仿真、工厂化加工、精密测控、自动化安装、动态监测、信息化管理等典型应用。

1. 智能建造的特征

　　（1）涵盖的阶段，智能建造统一建筑的方案设计、建筑构件的生产、现场施工的所有阶段，高效整合统一。

　　（2）采用的技术手段，智能建造运用大数据、数字化设计、BIM信息模型等设计手段以及装配式等施工手段来高效地完成方案的设计与施工。

　　（3）建造的目的，是提高在建造过程中的智能化技术应用水平，提高建筑设计和施工的效率，实现建筑业的可持续高质量发展。

2. 智能建造的优势

　　相对于原始的建筑设计与施工方式，智能建造因其统一了设计与施工的阶段，采用BIM、数字化设计等新的设计手段，装配式施工等高效的建造方式，具有巨大优势。

首先，智能建造能够使施工方预先完成各种前期准备工作，如，对工程项目的综合调整、方案的预先演练等，以此来明确项目施工的重点与难点，提高质量，降低安全生产风险概率，回避空间布置碰撞的错误。

其次，由于运用装配式建筑构件，能够有效提高施工的进度，减少施工的成本，避免返工，保证从设计方案到实际施工的精确完成度，提高施工质量，同时节约能耗，减少建筑工业带来的环境污染。

最后，利用互联网、物联网等技术，能够对预加工的装配式构件生产制造、运输安装等过程进行全方位的监控。从设计的层面来说，保证施工质量的提高，能够使施工难度极大的设计项目更好地落地。

运用大数据、数字化设计、BIM信息模型等设计手段以及装配式等施工手段来高效地完成方案的设计与施工，提高在建造过程中的智能化技术应用水平，提高建筑设计和施工的效率，实现建筑业的可持续发展，并且统一了建筑的方案设计、建筑构件的生产、现场施工等所有阶段，高效整合和优化建造过程。

3. 基于建筑产业业务层级的智能建造

如果将建筑产业的业务层级从下往上分为四个层面，可以是岗位、项目部、企业和产业。在讨论智能建造时，主要从以下四个层面的一些数字化实践来进行解读。

在岗位层，智能建造的基础方向是岗位工作的精细化。通过BIM技术的三维模拟，连接大数据的建筑信息模型，可以清晰地显示即将动工兴建的建筑物的每一个细节，包括结构、管道、线路等。现在的数字技术已经能够实现岗位级的精细化管理，做到不会错漏整栋建筑物中哪怕是一个插座这样的小细节。

在项目部层，则是从管理的精益化来体现智能建造。众所周知，建筑物的投资动辄数千万元甚或上百亿元。如果项目经理仅仅凭借自己的经验而对建筑数据信息掌握不准确，造成的浪费可能就会几十万元甚至上百万元。如果应用BIM技术、大数据、云计算、移动互联网等技术，得出的数据信息和决策判断往往比经验更接近实际状态。项目进度、成本、质量及安全管控、物资需求、资金调度等，都可以形成各式各样的数据图表，清晰展示整个建筑全生命周期所需的数据信息。

在企业层，运营数字化带来的便利和效益也非常明显。建筑企业职能部门的管理人员，往往会面临基层汇总的数据信息是否准确、是否及时等问题，这往往影响着企业的一些重要决策。如果应用广联达BIM 5D系统，可以清晰地看到整个项目的形象进度、质量安全照片、模型浏览、成本分析、项目文档等内容，甚至施工现场每一位操作工人的工作状态、运动轨迹、工作成果等，都可以实时清楚地记录下来。当工程建造过程整体都用数据展现，那么管理者只需要简单地看图表，就可以知道未来几个月的资金需求、合同预算及实际发生的成本收支情况。

在产业层，围绕建筑产品建造过程的多方协同也开始互联网化。建设单位、设计单位、施工单位、监理单位、咨询单位、供应商等利益相关方，在统一的平台共享项目信息和进展，以工程项目为核心联结各参建方团队，即时沟通，高效协作完成项目目标任务。随着互联网越来越广泛地覆盖建筑行业，要真正把建筑产业的链条打通，解决整个产业上下游的协同发展问题，提升效率并赢得发展空间，融入人工智能、移动互联网、物联网、3D打印、大数据、VR/AR、BIM、云计算等前沿科技的建筑产业互联网，正是大势所趋。

4.1.2 智能建造的构架体系

智能建造体系可分为八个系统，分别为设计管理系统、施工进度管理系统、施工成本管理系统、施工质量管理系统、施工安全管理系统、项目采购管理系统、相关方管理系统和项目运维信息支持系统，智能建造体系的总体框架。如图4-1所示。

1. 设计管理系统

该系统应具有的功能至少包括：①共享设计图纸和设计文件；②共享图纸中采用的设计规范和图集；③各专业设计图纸的协同关系，包括建筑、结构与管线之间的协同；④设计变更的依据、流转与签证机制；⑤设计变更后的图纸对比；⑥设计变更产生的投资、进度影响；⑦设计变更产生的重新审图报警机制。该系统可以为

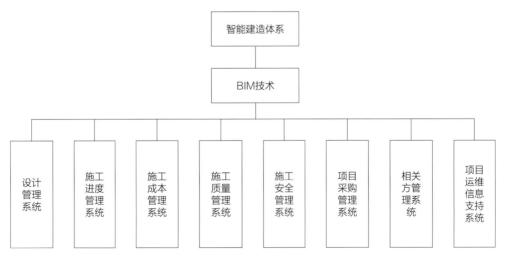

图4-1 智能建造总体框架

施工提供充足的资料，协调各专业设计关系，及时变更设计与审查，有利于项目投资控制。

2. 施工进度管理系统

该系统应具有的功能至少包括：①动态的进度计划管理机制；②施工进度文档管理机制；③施工进度预警功能；④工程项目进展决策优化。该系统可动态调整施工进度，及时调整优化施工方案。

3. 施工成本管理系统

该系统应具有的功能至少包括：①两算、三算对比分析；②提供各种投资项目数据；③项目投资数据共享、权限、查询设置；④项目投资变化趋势预测；⑤项目投资预警功能；⑥项目月度、季度、年度报表审核机制。该系统可动态的反映项目投资情况，及时反馈项目是否盈利的情况，可有效防止资源浪费，提高资金的有效利用。

4. 施工质量管理系统

该系统应具有的功能至少包括：①工程项目结构分解及组成部分的图纸质量要求；②质量评价的标准、规程；③施工操作人员符合性的响应机制；④提供相应部位的现场施工影像资料；⑤试验、检测等资料；⑥检验批质量的施工自检、监理和设计复检及反馈机制；⑦分项、分部、单位工程质量的自动生成。该系统可跟踪工程动态质量，反映质量检验与缺陷处理，使得质量资料翔实，质量责任明确。

5. 施工安全管理系统

该系统应具有的功能至少包括：①工程项目安全施工内容；②安全施工的施工方法、方案；③专项安全方案的联动审批；④定期安全检查情况、安全资料动态情况；⑤安全报警机制。该系统可以动态跟踪各方的工作情况，能提高施工安全资料的真实性，反映工程安全的动态过程。

6. 项目采购管理系统

该系统应具有的功能至少包括：①设计图纸、招标文件对材料、设备的要求；②所用材料、设备的来源和分流途径；③同种材料、设备的资料和试验数据共享；④材料、设备在工程中的使用部位；⑤材料、设备的网上签证与反馈。该系统能避免材料、设备的替换，减少材料浪费和管理人员时间消耗。

7. 相关方管理系统

该系统应具有的功能至少包括：①施工进度管理情况；②施工成本管理情况；③施工合同管理情况；④各方内部管理情况；⑤工期、成本变化的责任认定；⑥各方协调工作的实施情况。该系统可以评价各方的组织、协调成效，明确各方责任，也可有效防止腐败行为。

8. 项目运维信息支持系统

该系统应具有的功能至少包括：①工程各专业竣工图，并将管线走向布置于建筑图中；②安装设备品种、厂家、技术规格；③安装设备的操作、保养要求与备品、备件要求；④设备试验、试运行的运行记录；⑤推荐相兼容的设备品种、厂家；⑥可扩充项目运行资料；⑦可以纳入项目运行管理系统。该系统可以为项目运行、维护提供翔实的资料，便于备品、备件采购。

4.2 智能建造的技术体系

从智能建造的定义和核心特征来看，智能建造利用更多的信息技术来解决施工的生产和管理问题，每个方面都有其核心技术手段。在施工策划方面，以BIM为核心，对施工组织过程和施工技术方案进行模拟、分析，提前发现可能出现的问题，优化方案或提前采取预防措施，以达到优化设计与方案、节约工期、减少浪费、降低造价的目的。在施工控制方面，通过传感器、射频识别（RFID）、二维码等物联网技术，随时随地获取工地现场信息，实现全面感知、实时采集。通过移动互联网和云平台实现信息的可靠传送，实时交互与共享，还有智能施工设备的应用等。在决策分析方面，通过基于云端的集成系统和大数据分析技术，对海量的、多维度和相对完备的业务数据进行分析与处理，建立各管理要素的分析模型，进行关联性分析，并结合分析结果进行智能预测、实时反馈或自动控制。

4.2.1 智能建造的信息技术

1. BIM技术

在工程建设领域，三维图形技术已经被应用在建筑物的规划、设计、施工与运维过程中，产品的三维图形化表达、处理与展示对项目的成功实施、效率提升发挥着非常关键的作用。三维图形处理技术主要包括几何造型、实体建模与显示绘制。几何造型主要利用计算机数值解法实现物体的几何外形描述并进行相应的显示、控制处理。实体建模重点关注如何在计算机内定义并生成一个真实的三维物体。二者结合在一起就能用数字化的手段在计算机内完整地表达现实世界中的真实物体，模拟其生成过程，并进行各种分析、变换处理。

相比于传统的二维CAD设计，BIM技术以建筑物的三维图形为载体进一步集成各种建筑信息参数，形成数字化、参数化的建筑信息模型，然后围绕数字模型实现施工模拟、碰撞检测、5D虚拟施工等应用。借助BIM技术，能在计算机内实现设计、施工和运维数字化的虚拟建造过程，并形成优化的方案指导实际的建造作业，极大提高设计质量、降低施工变更、提升工程可实施性。

目前，BIM技术已经被广泛应用在施工现场管理中。在施工方案制定环节，利用BIM技术可以进行施工模拟，分析施工组织、施工方案的合理性和可行性，排除可能的问题。例如，管线碰撞问题、施工方案（深基坑、脚手架）模拟等的应用，对于结构复杂和施工难度高的项目尤为重要。在施工过程中，将成本、进度等信息要素与模型集成，形成完整的5D施工模型，帮助管理人员实现施工全过程的动态实物量管理、动态造价管理、计划与实施的动态对比等，实现施工过程的成本、进度和质量的数字化管控。目前，BIM技术的应用逐渐呈现出与物联网、智能化设备、移动等技术集成应用的趋势，发挥着更大的作用。在竣工交付环节，所有图纸、设备清单、设备采购信息、施工期间的文档都可以基于BIM模型统一管理，可视化的施工资料和文档管理，为今后建筑物的运维管理提供了数据支撑。

2. 云计算技术

云计算是网格计算、分布式计算、并行计算、效用计算、网络存储、虚拟化和负载均衡等计算机技术与网络技术发展融合的产物。云计算按照服务类型大致可以分为三类，将基础设置作为服务（Infrastructure-as-a-Service，IaaS）、将平台作为服务（Platform-as-a Service，PaaS）、将软件作为服务（Software-as-a-Service，SaaS）。

在施工现场智能化应用过程中，云计算作为基础应用技术是不可或缺的，物联网、移动应用、大数据等技术的应用过程中，普遍搭建云服务平台，实现终端设备的协同、数据的处理和资源的共享。传统信息化基于企业服务器部署的模式逐渐被基于公有云或私有云的信息化架构模式所取代，特别是一些移动应用提供了公有云，用户只需要在手机上安装APP，注册后就可以使用，避免施工现场部署网络服务器，简化了现场互联网应用，有利于现场信息化的推广。

3. 大数据技术

关于大数据的概念，普遍被认同的关于大数据特征的描述是由美国国际数据集团（International Data Group，IDG）提出的4个V。一是数据体量巨大（Volume），2013年，全球累计数量为4.3ZB（1ZB=1 024EB，1EB=1 024PB，1PB=1 024TB，

1TB=1 024GB）字节，2020年达到40ZB；二是数据类型繁多（Variety），包括网络日志、音频、视频、图片等不同格式的结构化和非结构化数据；三是处理速度快（Velocity），云计算技术的出现，可通过分布式并行计算和虚拟化技术实现可配置可扩展的计算资源共享池，为大数据的计算提供了保证；四是价值密度（Value）。海量数据中有价值信息需要挖掘，如何通过强大的机器算法更迅速地完成数据的价值"发现"，寻找数据关联规律，并建立有效关系模型，成为目前发挥大数据应用价值的重点。

项目施工过程中将会产生海量的数据，有工程设计图纸，工程进度数据、合同数据、付款数据、供应商评审信息、询价信息，劳务数据、质量检验数据、施工现场的监控视频等不同的数据信息。随着"智能工地"的实施与应用，更多的物联网、BIM技术被引入，建设项目产生的数据将成倍地增加，数据量将是惊人的。以一个建筑物为例，一栋楼在设计和施工阶段大概能产生10T的数据，如果到了运维阶段，数据量还会更大。这些数据充分体现了大数据的上述四个特征，对这些数据进行收集整理并再利用，可帮助企业更好地预测项目风险，提前预测，提高决策能力；也可帮助业务人员分析提取各类业务指标，并用于后续的项目。例如，从大量预算工程中分析提取不同类型工程的造价指标，辅助后续项目的估算。

4. 物联网技术

《2016—2020年建筑业信息化发展纲要》中明确提出要通过物联网技术，结合建筑业需求，加强低成本、低功耗、智能化传感器及相关设备的研发，实现物联网核心芯片、仪器仪表、配套软件等在建筑业的集成应用。物联网技术是"智慧工地"应用的核心技术之一。

物联网是通过在建筑施工作业现场安装各种RFID、红外感应器、全球定位系统、激光扫描器等信息传感设备，按约定的协议，把任何与工程建设相关的人员或物品与互联网连接起来，进行信息交换和通信，以实现智能化识别、定位、跟踪、监控和管理的一种网络。弥补传统方法和技术在监管中的缺陷，实现对施工现场人、机、料、法、环的全方位实时监控，变被动"监督"为主动"监控"。物联网具备三大特征：一是全面感知，利用传感器、RFID、二维码等采集技术，随时随地获取现场人员、材料和机械等的数据；二是可靠传送，通过通信网与互联网，实时获取的数据可以随时随地地交互、共享；三是智能处理，利用云计算、大数据、模式识别等智能计算技术，对海量的数据进行分析与处理，提起有用的信息，实现智能决策与控制。因此，物联网不是一项技术，它是多项技术的总称，从其技术特征和应用范围来讲，物联网的技术可以分为自动识别技术、定位跟踪技术、图像采集技术和传感器与传感网络技术。

1）自动识别技术

自动识别技术主要包括条形码技术、RFID技术和其他识别技术。

（1）条形码技术：条形码（Barcode）技术是由一系列规则排列的条、空及其对应字符组成的标记，用以表示一定的信息，条形码中的信息需要通过阅读器扫描并经译码之后传输到计算机中，信息以电子数据格式得以快速交换，实现目标动态定位、跟踪和管理。

在施工现场，条形码技术主要被应用于建筑材料和机械设备的管理，通过移动终端设备扫描，实时获取管理数据，完成从材料计划、采购、运输、库存的全过程跟踪，实现材料精细化管理，减少材料浪费。还可以制成现场工作人员的工作卡，方便对现场人员的管理和控制。

（2）RFID技术：RFID全称为"Radio Frequency Identification"（中文名为"射频识别技术"），是一项利用射频信号通过空间电磁耦合实现无接触信息传递并通过所传递的信息达到物体识别的技术。RFID系统主要由三部分组成：电子标签（Tag）、天线（Antenna）和读写器（Reader）。其中，电子标签芯片具有数据存储区，用于存储待识别物品的标识信息；天线用于发射和接收射频信号，往往内置在电子标签或读写器中；读写器是将约定格式的待识别物品的标识信息写入电子标签的存储区中（写入功能），或在读写器的阅读范围内以无接触的方式将电子标签内保存的信息读取出来。

RFID技术在智能工地应用中主要用于现场人员、机械、材料（包括预制构件）的跟踪和现场安全方面的管理工作。

（3）其他识别技术：除了条形码和RFID技术之外，日常生活中可能接触到的自动识别技术还有语音识别技术、光学字符识别技术（Optical Characten Recognition，OCR）、生物识别技术（如指纹）、磁条等，目前开始应用于施工现场的是人脸识别技术。人脸识别在施工现场主要应用在诸如自动门禁系统、身份证件的鉴别等领域，用以提高现场人员管理的效率。

2）定位跟踪技术

将定位跟踪技术引入工程施工现场，能够有效地提高工作区域的各种人、材、机的实施监管能力。定位跟踪技术主要包括室外定位跟踪和室内定位跟踪。

室外定位跟踪技术：室外定位跟踪技术通常称为全球定位系统（Global Positioning

System，GPS），是一种基于卫星导航的定位系统，其主要功能是可以实现对物体定位以及速度等的测定，并提供连续、实时、高精度三维位置，三维速度和时间信息。

GPS技术被用于施工现场管理包括几个方面：一是用于各种等级的大地测量与线路放样，测量员在GPS技术使用中，仅需将GPS定位仪安装到位并开机即可，GPS定位仪可自动化完成大地测量；二是对施工人员和施工车辆的定位跟踪，科学合理地完成车辆运营调度，掌握施工机械的工作路线以及工作状态；三是主要用于获取施工坐标系与大地坐标系的换算关系，对建筑物变形及振动进行连续观测，获取准确数据。在此过程中，观测基点主要是确定起算点及方向，这样即使变换观测点也不会对观测精度产生影响，从而满足工程施工需求。

室内定位跟踪技术：室内定位跟踪技术又称为短距离无线通信技术，它的发展充分弥补了GPS技术在环境复杂的条件下应用的问题，为复杂施工条件下确定人员、车辆的位置信息，提高施工现场人、材、机管理能力提供了技术保证。室内定位跟踪技术通常包括无线保真（Wireless Fidelity，Wi-Fi）技术、蓝牙（Bluetooth）技术、UWB（Ultra Wide Band，超宽带）和ZigBee技术。

Wi-Fi和蓝牙两种技术更适合于在室内的环境下工作。由于其技术存在一些限制，在施工管理中应用得比较少。主要的应用是对建设工程相关资源的定位，以及通过与无线传感器或别的数据采集技术相结合，减少现场电缆、数据线的数量，进而提高现场管理水平。

UWB三角定位技术是一种新兴的无线通信技术。UWB技术主要用于施工现场危险区域安全管理，在不同作业环境下定位跟踪施工人员、设备和材料以及现场事故搜索营救等工作。

ZigBee是一种新兴的短距离、低速率无线网络技术，它介于射频识别和蓝牙之间，具有低成本、低耗电量、可靠度高、扩展性好、传输距离远等特点，也可以用于室内定位。建筑施工现场环境监测是目前较成熟的应用，也有用于人员定位、建筑材料的跟踪、门禁安全监控等。

3）图像采集技术

图像采集技术在施工现场的应用主要聚焦视频监控技术和3D激光扫描技术。

视频监控技术：视频监控技术也称图像监控，施工现场视频监控技术主要是通过部署在建筑工地现场的摄像机获取视频信号，再将视频信号进行处理和传输，便于显示和读取。以物联网的角度看待视频监控系统，其感知层主要包括各类监控摄像头以及它们与网络层的数据通信设备。其应用层主要为显示监控视频，较为复杂的可能包括监控视频的地理位置分布、自动切换等便于用户使用的功能。施工现场视频监控技术目前已经非常成熟，可直接应用于工程实际建设过程中。

视频监控可以实现声音与图像的同步传送，可以得到与施工现场环境一致的场景信息。视频监控结合图像识别跟踪技术逐步向自动化和智能化方向发展。一方面，结合具体的场合可实现多个活动过程的识别跟踪，这些活动过程可以是施工现场人员未佩戴安全帽、施工面抽烟、危险动作等场景，系统能实时判定出施工人员的准确位置，并触发相应摄像头，对施工人员及交互场景进行多角度、多画面拍摄。另一方面，实现精准定位技术，摄像头对演讲者采用"紧盯"方式，即使施工人员小幅度地转身、移动，摄像头也随之移动，不仅需要进行自动拍摄，同时进行动作分析，并自动报警。该技术的应用也在实验阶段，对于施工现场环境复杂，材料、设备、人员位置相对混乱，应结合人员手动介入，更能及时发现违规行为。

3D激光扫描技术：3D激光扫描技术是20世纪90年代中期开始出现的一项高新技术，是继GPS空间定位系统之后又一项测绘技术新突破。它是利用激光测距的原理，对物体空间外形、结构及色彩进行扫描，记录被测物体表面大量的密集点的三维坐标、反射率和纹理等信息，可快速复建出被测目标的三维模型及线、面、体等各种图件数据，形成空间点云数据，并加以建构、编辑、修改生成通用输出格式的曲面数字化模型。3D激光扫描技术为快速建立结构复杂、不规则场景的三维可视化数字模型提供了一种全新的技术手段，高效地对真实世界进行3D建模和虚拟重现。

在BIM技术快速发展的今天，3D激光扫描技术与BIM技术集成应用发挥较大的价值。例如，可通过3D激光扫描结合BIM技术实现高精度钢结构质量检测及变形监测。现场通过3D激光扫描获取安装后的钢结构空间点云，通过配套软件建立三维数字模型，通过与BIM设计模型比较特征点、线、面的实测三维坐标与设计三维坐标的偏差值，从而实现成品安装质量的检测。BIM技术和3D激光扫描技术的结合，正在帮助施工现场解决很多传统方式无法解决的问题。

4）传感器与传感网络技术

传感器是能感知指定的被测量信息，并能按照一定的规律转换成可用输出信号的器件或装置。无线传感器网络就是由部署在监测区域内大量的廉价微型传感器节点组成，通过无线通信方式形成的一个自组织网络。一个无线传感器网络可将不同的传感器节点布置于监控区域的不同位置并自组织形成无线网络，协同完成诸如温湿度、噪声、粉尘、速度、照度等环境信息的监测传输。

目前，无线传感器网络广泛应用于许多工业和民用领域的远程监控中，包括工业过程监控、机械健康监测、交通控制、环境监测等。在工程领域的应用已经从混凝土的浇筑过程监控扩展到大坝、桥梁、隧道等复杂工程的测量或监测。例如，高支模变形监测可以通过安置传感器实时监测高大模板支撑系统的模板沉降、支架变形和立杆轴力，实现高支模施工安全的实时监测；安装于塔吊驾驶室的各类传感器与无线通信模块共同实现塔吊当前运行参数的实时监测；应变仪还可以嵌入混凝土构件内，通过收集混凝土的应力、应变变化，监测构件的安全性等工作。

5. 移动互联网技术

移动互联网（Mobile Internet）是一种通过智能移动终端，采用移动无线通信方式获取业务和服务的新兴业态，包含终端、软件和应用三个层面。终端层包括智能手机、平板电脑、电子书、MIDI键盘等；软件包括操作系统、中间件、数据库和安全软件等；应用层包括休闲娱乐类、工具媒体类、商务财经类等不同应用与服务。随着技术和产业的发展，第四代移动通信技术（4G）和移动支付的支撑技术NFC（Near Field Communication，近场通信）等网络传输层关键技术也将被纳入移动互联网的范畴之内。

移动应用对于建筑施工现场有着天然的符合度，施工现场人员的主要工作职责和日常工作发生地点一般在施工生产现场，而不是办公区的固定办公室。基于PC机的信息化系统难以满足走动式办公的需求，移动应用解决了信息化应用最后一公里的尴尬。通过项目现场移动APP的应用，实现项目施工现场一线管理人员的碎片化时间整合利用。目前移动应用被广泛地应用在现场即时沟通协同、现场质量安全检查、规范资料的实时查询等方面。同时移动应用与物联网技术、BIM技术、云技术集成应用，在手机视频监控、二维码扫描跟踪、模型现场检查、多方图档协同工作上得到深度应用，产生了极大的价值。

6. 其他智能化技术

智能化技术主要是将计算机技术、精密传感技术、自动控制技术、GPS定位技术、无线网络传输技术等的综合应用于工艺工法或机械设备、仪器仪表等施工技术与生产工具中，提高施工的自动化程度及智能化水平。《2016—2020年建筑业信息化发展纲要》明确提出发展智能化技术的转向应用，开展智能机器人、智能穿戴设备、手持智能终端设备、智能监测设备等在施工过程中的应用研究，提升施工质量和效率，降低安全风险。智能建造现场智慧工地应用中使用较多的是智能测量技术与智能化机械设备。

1）智能化测量技术

智能测量技术是指在施工过程中，综合应用自动全站仪、电子水准仪、GPS测量仪、数字摄影测量、无线数据传输等多种智能测量技术，解决特大型、异形、大跨径和超高层等结构工程中传统测量方法难以解决的测量速度、精度、变形等难题，实现对建筑结构安装精度、质量、安全、施工进度的有效控制。

一是自动全站仪，它是一种集自动目标识别、自动照准、自动测角与测距、自动目标跟踪、自动记录于一体的测量平台。技术组成包括坐标系统、操纵器、换能器、计算机和控制器、闭路控制传感器、决定制作、目标捕获和集成传感器等八大部分。

二是GPS测量仪，它采用GPS全球卫星定位系统能够提供实时的经度、纬度、高程等导航和定位信息，利用GPS的定位功能，得出各个点的坐标，再通过数学方法计算出距离、面积等数据。

三是数字近景测量技术，摄影测量（Photogrammetry）是一门通过分析记录在胶片或电子载体上的影像，来确定被测物体的位置、大小和形状的科学。其中，近景摄影测量（Close Range Photogrammetry）是指测量范围小于100米、相机布设在物体附近的摄影测量。它经历了从模拟、解析到数字方法的变革，硬件也从胶片相机发展到数字相机。

智能测量技术在"智慧工地"应用中呈现出与BIM技术集成应用的特点。例如，自动全站仪结合BIM技术在机电施工过程中实现精确放样，有效衔接土建施工和机电深化设计。通过自动全站仪复核现场结构信息，完成对BIM设计模型的修复，优化机电深化设计，减少施工错误。修正后的结构模型以三维坐标数据形式导入测量机器人中，通过自动全站仪实现机电管线及设备在施工现场的高效精确定位，保证优良的施工质量。利用自动全站仪采集施工现场数据，通过实测数据与设计数据的对比，可以实现辅助施工验收，确保施工成果的质量水平达到设计要求。

2）智能化机械设备

随着工业转型升级需求释放、生产力成本上升、技术发展进步等，工业机器人在不少制造领域已隐隐形成替代人工的趋势。智能化已成为工程机械设备行业的主要趋势和发展方向，而智能化水平的高低对我国工程机械设备的发展具有至关重要的作用。智能化机械设备的应用对于"智慧工地"的发展起到重要的作用。

智能化机械设备的应用有两方面，一是将智能化控制技术改进施工工艺，提高工艺的自动化程度和精确控制能力。例如，在模板脚手架施工工艺中的智能整体顶升平台技术，通过一套整体钢平台，采用长行程油缸和智能控制系统，顶升模板和整个操作平台装置，适应复杂多变的核心筒结构施工，保证全过程施工进度、安全和质量要求。其中智能控制系统是由集中控制台、开度仪、压力传感器和相关数据线组成，所有动作均提前编程并输入电脑，实现智能控制。二是将GPS技术、传感器、自动控制技术、图像显示技术和软件系统等集成应用到诸如挖掘机、推土机和摊铺机等机械设备上，可提高机械设备生产效率和能力、改善施工机械安全性、缓解人力资源短缺和延长施工时间等。例如，在挖掘机应用GPS引导的坡度控制系统，采用GPS接收器，确定设备开挖方向并获得铲斗三维坐标位置信息，并通过安装光棒、车体纵横角度传感器、小臂解读传感器等，辅助操作人员准确地完成边坡开挖，使得复杂且费时费力的开挖变得简单快捷。

4.2.2 智能建造的关键技术

智能建造的关键技术主要体现在建筑产品建造过程的关键环节。

（1）三维建模及仿真分析技术。即通过BIM等建模技术，实现对一些复杂建筑构件的三维建模，然后借助软件仿真模拟其受力、建造及与周围环境的关系等，实现更加精确的建造。

（2）工厂预制加工技术。即在三维建模后，通过精确建模的数字化信息，利用3D打印或者一些高精度的数控设备对复杂结构的构件进行自动化加工，这一技术的发展也促进了装配式的模块化设计，模块化生产后的构件等中间产品在施工现场进行安装。

（3）机械化安装技术。即在建造的过程中，通过机械臂、机器人或计算机控制的数控设备，对在工厂加工成的构件进行现场的连接、装配与安装。

（4）精密测控技术。即主要利用三维激光扫描仪及GPS等设备，对建造现场的状态进行快速、精确的定位和实时监测。

（5）结构安全、健康监测技术。即利用先进的数据采集和信息传感技术、损伤和定位识别技术，对结构的可靠性和安全性等方面进行精确的监测和分析，预测可能的破坏并进行预防性修复，或者采用可以自动修复损伤的智能材料。

（6）建造环境感知技术。即对施工现场及周围的环境进行精确的分析与识别，进行实时的预测与预警。

（7）人员安全与健康检测技术。即为了保证施工人员的安全健康，对其主要生理健康指标、现场位置参数等数据进行监测，对建造与施工行为进行警示。

（8）信息化管理技术。即利用先进的信息化管理体系，以BIM技术为平台，利益相关方多方协同，借助4D施工管理系统与施工现场的信息采集系统，对建造过程中的现场动态信息进行管理。

4.2.3　数字技术的应用前景

目前，数字建造呈现"百花齐放、百家争鸣"的态势，从政府、开发商、设计院、监理公司、施工企业等不同层面均对其进行探索，着眼点不同，成效也参差不齐。工程物联网与BIM技术融合应用仍处于尝试阶段，尚未进行深度融合。人工智能技术应用处于萌芽阶段，未深入落地工程管理实践。社会化平台产品与社会化平台产品市场化尚未发现，主要以碎片化应用为主，单点解决建筑施工中的个别问题，没有形成"互联互通"的系统网络体系。未来，在大数据和人工智能的时代背景下，智能建造的数字技术应用将开展BIM与物联网、云计算、人工智能、大数据等技术在施工过程中的集成应用研究，其创新趋势主要体现在以下五方面：

1. 数字建造社会化平台

数字建造社会化平台基于产业大数据、行业信息、专业知识，贯穿项目全生命周期，按需定制，实现各种规模等级的项目建造，并实现产业链多要素及多参与方协同，为工程建设搭建一个集劳务、数据、设计、交易、采购、施工、金融、运维等要素的信息共享平台，从而实现企业信息化、数字化、在线化、智能化。

2. 工地大脑与边缘计算混合计算

边缘计算具有更快的数据处理速度，更高的数据安全性、可靠性和效率，更低的延迟和成本，并提供更好的用户体验。未来数字建造将融合云计算和边缘计算的混合计算模式，及时完成数据清洗、数据整合、数据处理等，或将预处理后的数据上传至云端，进而在云端通过人工智能、机器学习、深度学习、聚类分析、相关性分析等技术和方法，建立相关算法模型，并对模型进行训练、测试，将模型下发云边缘侧进行边缘计算、分析、预测等服务。

3. BIM技术高效融合

数字建造与BIM融合，逐渐呈现出与物联网、移动互联网、人工智能等技术集成应用的趋势。BIM技术以数字化方式创建物理实体的虚拟模型，借助数据模拟物理实体在现实环境中的行为，把实体建造过程中的各种数据映射到信息空间里，通过虚实交互反馈、数据融合分析、决策迭代优化等手段，实现和支撑建造过程的系列优化。例如，由广联达科技股份有限公司研究开发的数字项目管理（BIM+智慧工地）平台，有效地实现了BIM技术的高效融合，平台可以概括为"114N"，也就是1个理念——"数字建筑理念"；1个平台——"BIM+智慧工地平台"；四大技术——物联网、BIM、大数据和人工智能技术；以及覆盖了BIM建造、智慧劳务、智慧安全、智慧物料、智慧质量、智慧生产、智慧商务等业务场景的多个应用。其中，BIM建造主要指用BIM技术优化施工策划、技术方案、设计变更，实现构件级的精细管理。智慧劳务是指以劳务实名制为基础，以物联网+智能硬件为手段，通过采集、传输和分析施工现场劳务用工数据，为项目管理者提供科学的劳务管理决策依据。智慧安全是指用人工智能和物联网技术使安全隐患从被动检查到自动识别，实现安全智能化管理。智慧物料是指用端、云、物联网、AI技术替代现场手工作业，规范动作、节约成本。智慧质量是指基于BIM、移动互联网和大数据技术，实现质量管控工作标准化、过程管理规范化，并实现企业与项目质量管理决策数字化。智慧生产是指让计划管理严谨可控，让跟踪管控及时完整，让生产协作高效便捷，让分析决策有理有据。智慧商务是指基于BIM技术实现价、量和成本的精细化管理，让源头算得清，过程控得住。这一平台就像一个精明的"项目大脑"，将现场系统和硬件设备集成到一个统一的平台上，关键指标通过直观的图表形式统一呈现，智能识别风险并及时预警，问题追根溯源，从而让项目管理成功实现数字化、系统化、智能化，为项目经理和管理团队打造一个智能化的"战地指挥中心"。对于施工企业而言，数字项目管理平台能够实现"三个转化"：一是作业数字化，实现信息实时传递与留存，使管理更加立体化，全面实时感知；二是管理系统化，实现统一数据标准，达成业务动态协同；三是决策智慧化，可供项目负责人合理高效决策，并及时预警风险。在实现数字化项目管理后，数字项目管理平台还可以为合作伙伴带来技术、营销和资金三大方向的赋能，提供生态化解决方案，并借助自身营销渠道和行业资源进行规模化推广，以新金融+产业创投基金，推动互联网+建筑领域创新性发展。通过平台+模块+各种服务的范式，解决以前信息孤岛和数据打通的问题，并实现大规模地满足企业个性化的诉求。因此，通过数字项目管理平台，帮助建筑产业从过去项目式为主的业务模式转向平台化。

4. 人工智能深度应用

人工智能被称为世界三大尖端技术之一，先进的人工智能技术在建筑领域深入应用、促进建筑业发展，基于离线计算、流计算、分析型数据库、机器学习等计算引擎作为理论技术支撑，通过数据开发、质量、地图、管道的加工及分析，获得多领域的智能数据服务，进而实现建筑施工过程中的智慧进度、智慧安全、智慧质量、智慧劳务、智慧材料、智慧设备等应用。

5. 数据分析与辅助决策

从德国工业4.0到中国建筑产业互联网，大数据科技正带领中国建筑行业向管理信息化、建造工业化转型。大数据智能分析以大数据采集与感知、大数据集成与清洗、大数据存储与管理、大数据分析与挖掘、大数据可视化、大数据标准与质量体系等技术，实现建筑业管理信息化。结合虚拟建造和实体建造的操作和业务信息，将大数据技术应用到项目全生命周期。

4.3　智慧工地实践应用模式

智慧工地是一种反映智能建造理论在实践中应用的施工现场一体化管理模式，是"互联网+"与传统建筑行业的深度融合。它充分利用移动互联、物联网、云计算、大数据等新一代信息技术，围绕人、机、料、法、环等关键因素，彻底改变传统建筑施工现场参建各方现场管理的交互方式、工作方式和管理模式，为施工企业、政府监管部门等提供工地现场管理信息化解决方案。智慧工地的建设在引领信息技术应用，实现智能建造、绿色建造、精益建造，提高综合竞争力。

从国外的经验以及结合国内建筑行业的发展趋势，开展智慧工地建设是实现精细化管理的最佳途径，可以达到保护环境、减少施工成本，按时保质、保量完成工程建设任务的目的（图4-2）。

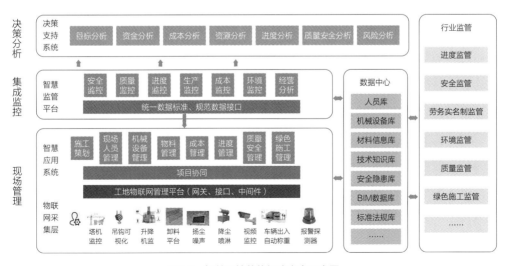

图4-2　智慧工地整体解决方案示意图

4.3.1 智慧工地的特征与构成

1. 智慧工地的特征

智慧工地是BIM技术、物联网等信息技术与先进建造技术深度融合的产物。从这个角度来讲，智慧工地具有以下四个特征：

（1）覆盖施工现场生产活动，实现信息化技术与生产过程深度融合。将信息化技术应用到施工现场的每一项活动中，真正解决现场业务的智能化问题。例如，在劳务管理上，将一卡通、人脸识别、红外线或智能安全帽等新技术应用到劳务管理的考勤、进出场、安全教育等业务活动中，实现现场劳务工人的透明、安全和实时的管理。

（2）聚焦数据实时获取和共享，提高施工现场基于数据驱动的协同工作能力。这包括两层含义：一是在现场数据的采集方面，要充分利用图像识别、定位跟踪等物联网技术手段，实时获取现场的人、事、物等管理数据，并能通过云端实现多方共享，保证信息的准确性和及时性；二是在信息的共享方面，按照工程项目现场业务管理的逻辑，打通数据之间的互联互通，形成横向业务之间、纵向管理层级之间的数据交互关系，避免信息孤岛和数据死角，并通过移动终端等技术手段，基于这些数据实现协同工作，加快解决问题和处理问题的效率。

（3）强化数据分析与决策支持，辅助高层管理者进行科学决策和智能预测。智慧工地应建立数据归集、整理、分析展示的机制，并对现场采集到的大量工程数据进行数据关联性分析，形成知识库，并利用这些知识对信息进行计算、比较、判断、决策，提供管理过程趋势预测及专家预案，及时为各个管理层级提供科学决策辅助支持，对管理过程及时提出预警和响应，实现工地现场智能管理。

（4）充分应用并集成软硬件技术，适应施工现场状态和环境变化的需求，保障智能化系统的有效性和可行性。

2. 智慧工地的构成

智慧工地实践应用是智能建造的整体解决方案，包括现场管理、集成监控、决策分析、数据中心和行业监管五个部分。如图4-2所示。

（1）现场管理：现场应用层专注于施工生产一线的具体工作，通过实用的专业应用系统来解决施工现场不同业务问题，降低施工现场人员工作强度，提高工作效率。这些系统业务范围涵盖施工策划、现场人员管理、机械设备管理、物料管理、成本管理、进度管理、质量安全管理、绿色施工管理和项目协同等管理单元。通过小而精的专业化系统，利用物联网、云计算等先进信息化技术手段，适应现场环境的要求，面对施工现场数据采集难、监管不到位等问题，提高数据获取的准确性、及时性、真实性和响应速度，实现施工过程的全面感知、互通互联、智能处理和协同工作。

（2）集成监控：通过数据标准和接口的规范，将现场应用的子系统集成到监控平台，创建协同工作环境，搭建立体式管控体系，提高监管效率。

集成监控包括平台数据标准层和集成监管平台两部分内容。集成监控平台需要与各项目业务子系统进行数据对接。为保证数据的无缝集成，各系统之间的管理协调，需要建立统一的标准，包括管理标准和技术标准等。集成监控平台的集成有多种方式和表现形式，可以通过标准数据接口将项目数据进行整理和统计分析，实现施工现场的成本、进度、生产、质量、安全、经营环境等业务的全过程实时监管。也可以通过现场物联网设备网管连接智能化设备，例如，视频监控、塔式起重机黑匣子等。还可以通过BIM模型为数据、集成和展现的载体，实现对模型、设计、进度、成本等信息或资料监管服务。

（3）决策分析：基于实时采集并集成的施工现场生产数据建立决策分析系统，通过大数据分析技术对监管数据进行科学分析、决策和预测，实现智慧型的辅助决策功能，提升企业和项目的科学决策与分析能力。

决策分析通过集成监管层对这些项目现场信息的采集，应用数据仓库、联机分析处理工具和数据挖掘等技术，对项目数据提取出有用的数据并进行清理，以保证数据的正确性，然后经过抽取、转换和装载，提供多种分析模型并进行数据模拟，挖掘并发现不同业务之间关联关系，并将分析或预测的结果通过各种可视化的图形和报表展示出来，辅助企业管理者进行经营决策。这种决策是基于大量的项目数据，使得企业的各级决策者的决策更科学合理。同时，通过信息系统的预警功能，实现风险信息的同步预警和即时掌控，实现风险的事前控制。

（4）数据中心：通过数据中心的建设，建立项目知识库，通过移动应用等手段，使得知识库发挥应用价值。

数据中心主要是为支持智慧工地的应用而建立的知识库系统，主要包括人员库、机械设备库、材料信息库、技术知识库、标准法规库、安全隐患库和BIM数据库等不同的专业知识库。这些知识库来自于智慧工地各子系统和企业积累总结的专业信息，主要包括：一是规范标准类，主要是国家、行业和地方各类标注规范和技术法规，这些需要按照标准分类进行编码管理；二是基础数据类，主要是一些支持标准化和信息化的基础资源类信息，例如，材料编码库、BIM构件库等；三是应用数据类，是为满足系统应用的知识库，与相应的系统集成实现动态调整和变化，例如，材料价格库、方案库、BIM模型库等。

（5）行业监管：智慧工地的建设可以延伸至行业层面监管，通过系统和数据的对接，支持智慧工地的行业监管。

4.3.2 智慧工地建设与应用

1. 智慧工地建设

1）以满足现场施工和监管需要为基础

智慧工地建设的需求要紧紧围绕施工现场业务展开，要围绕人、机、料、法、环这五个影响施工生产和工程质量的关键要素展开管理。同时要满足一线管理岗位对现场作业过程所需信息的即时获取、共享和沟通。要针对现场工作人员所面对的现场具体工作的作业指导、检查、验收等，以及与现场施工管理人员相关的设计、监理、业主、分包等不同干系方之间的沟通管理。通过信息化手段实现要素的智能监控、预测报警和工作的数据共享、实时协同。

在满足施工现场管理基础上，要能够满足公司和项目管理者对项目建造过程的实时监管。

2）遵循整体规划、分步实施的原则

智慧工地整体规划可以采用"从上到下"的方式，综合考虑集团、公司层到项目层，从监管业务到执行层业务的细节，结合公司战略和信息化发展的整体规划方向统筹规划，强调内部要素之间围绕核心理念和整体目标所形成的关联、匹配与有机衔接。主要包括结合公司战略和业务管理弱点，有针对性地梳理智慧工地的业务需求、技术标准和建设成本等，规划适合于本企业的智慧工地的整体架构和实施步骤，选择重点或关键项目进行试点，逐步推进和推广。在整体规划的基础上，智慧工地一般采用"自下而上"的方式实施。紧紧围绕现场核心业务，在系统集成的框架下采用碎片化的众多子系统，以解决满足一线管理岗位对现场作业过程的管理为第一要务，有针对性地降低工作量，提高工作效率，减少管理漏洞。

智慧工地建设从前期施工现场布置开始，通过BIM建模手段，对施工场所内各功能区进行划分，塔式起重机定位、场区道路布置进行建模，经由模型对塔式起重机的工作范围、起吊重量、塔式起重机的运用率，工作人员与车辆的入场、进场路线进行模拟，有效实现人车分流、三区分离，塔式起重机能够满足施工的需求，让处于用人高峰期及车辆进出场高峰期的施工现场可以有条不紊地运行。在施工场地布置阶段，运用相应的技术措施，来确保施工的安全性。当塔式起重机布置时，在塔式起重机上安装塔式起重机防碰撞系统，通过塔式起重机防碰撞系统，对塔式起重机的起吊重量与防碰撞距离进行预警值的设定，防止塔式起重机超重与碰撞状况的发生，以确保施工的安全性。在施工现场布置蓄水水池，收集现场雨水及施工降水。现场雨水由雨水井过滤后，通过雨水管道流入沉淀池，经过沉降、过滤之后流入消防水池被再次利用，为现场绿化灌溉、喷淋、消防及施工生产用水提供水源。节约用水的同时，还可通过对雨水的使用，降低施工场所的粉尘。

3）采取多种服务相结合的方式

智慧工地的建设宜采用多种方式相结合。一是直接购买商业软件，这主要是针对一些商业化程度高，较为成熟系统而言，可以直接购买使用。例如，一些手机应用、视频监控、劳务实名制等。二是定制或半定制化软件系统，这主要针对项目部有明确的专门需求，但具有明显的个性化特征且市场无对应成熟产品的情况。三是自行研发或者合作开发，这种方式一般是企业层面主导。自行研发对企业的软件研发能力有着更高的要求。

4）建立配套的岗位流程制度支撑

智慧工地集成应用了物联网、云计算、移动互联网等新技术手段，使得现场管理跨越了时空限制，符合现场走动式办公的特点。这样的信息化模式会改变现场管理和协同的方式，催生新的现场管理工作模式。例如，BIM的应用可能会改变图纸审核、各种交底的方式，可视化模型成为审核交底的必备要件。这样的新工作方式就需要建立起相应的岗位和管理制度支撑，例如，前面所说的BIM审图或交底，这种工作方式必然会要求修改完善原来的流程和制度。

2. BIM模型在现场的应用

建设智慧工地基于施工现场管理平台。平台的信息主要来源于工程BIM模型。多数情况下，BIM模型的精准度决定了智慧工地的有效运行程度。在智慧工地的建设中，BIM模型的运用集中在以下方面：

1）工程量的统计

在BIM模型完成创建之后，对模型进行解读，可以解析出各施工流水段各种材料的工程量。例如，混凝土的工程量。在钢结构工程中，通过对模型进行分解，依照模型对钢结构构件进行加工。

2）施工模拟

在施工进度编制完成之后，通过软件把施工进度方案与BIM模型进行关联，对施工过程进行模拟。把实际的工程进度与模拟进度相互比对，能够直观呈现出工程是否滞后，及时分析滞后的原因，来确保工程按计划竣工。另一种做法是，结合BIM模型提供的工程量和本企业的工效定额、施工方案，编制施工进度计划。

3）可视化交底

通过BIM的可视化特性，对施工方案的每一道工序作业进行模拟，对施工人员进行3D动画交底，有效提升交底的可行性和工序施工过程的准确性。

4）节点分析和优化

通过对设计图纸进行解读，对复杂的节点进行BIM建模，对模型复杂节点进行分析和优化调整。例如，对照复杂的钢筋节点，在模型建立之后，对模型进行比对观察，找到钢筋碰撞点，进行钢筋布置的优化。还可模拟模板支撑体系的受力状况，来确保模板支撑体系的施工安全性。

5）综合管线碰撞检测

在施工过程中，预留孔洞未预留、机电设备管线安装时发生碰撞的状况时有发生。面对这些状况，在传统的施工过程中，运用在墙体、楼板上再次开凿，通过在安装管线时相互进行交叉，缩小楼层实际使用空间。而在智慧工地运行中，依照设计图纸，对建筑物进行综合建模，将预留孔洞在三维模型中呈现，直观表达各个预留孔洞的位置，以防遗忘。在结构、建筑、机电、设备模型均创建完成之后再进行合模，分析出各碰撞点，与设计师进行交流，对设计图进行修改。在工程前期准备阶段，不仅有效解决了管线碰撞问题、节省了工期，还保证了施工的顺利进行。

3. 劳务实名制管理

在劳动力管理方面，智慧工地对施工场地实现封闭式的管理，通过闸机等设备，对施工人员的进出场进行有效的管控，杜绝外来无关人员进入工地，确保工地安全有序。

通过实名制劳务管理系统实施管理，依据施工人员的身份信息，对劳务人员的专业工种结构组成、年龄组成、学历结构、性别比例、培训状态等信息进行分析，实时了解在现场施工人数及各分包队伍的具体状况。

通过一定时间的数据采集，劳务管理系统可以精确提供出这个时间段内实际的劳动力负荷曲线，管理人员能够依据劳动力使用计划对实际劳动力负荷曲线进行具体分析，优化劳务人员的使用状况，在确保正常施工的前提下，争取让劳动力负荷曲线更加的平滑，以防阶段性的窝工，节约劳动力运用成本。

运用实名制管理，劳务人员通过刷卡进出施工场地，由劳务管理系统实时进行记录，施工总承包单位可以与劳务单位间进行劳务人员的考勤核实，为劳务人员工资结算提供了真实的考勤依据，避免劳务纠纷状况的发生。

4. 材料和机械设备管理

在材料、机械设备管理方面，智慧工地可以做到实时管控。传统的材料管理方式是由技术部门提出材料使用方案之后，通过物资部门采购，再经由物资部门反馈材料抵达现场的时间，材料抵达现场之后由物资部门签收。在此过程中，会出现物资不能及时到场、到场材料不足或是不合格的状况。

基于物联网、大数据以及BIM的技术，对进场物料进行跟踪管理。结合电子标签（RFID、二维码等），对进场的机电设备、大宗物资、PC构件、钢结构以及取样试件等进行物料进度的跟踪管理。对材料的进场状况进行实时的监控，管理人员可以实时地了解主要材料的进场状况。还可依据工程进展状况，对材料的进场进行有效地管控。

依据施工进度计划模拟，合理安排机械、设备的进出场时间。当机械设备进场时，管理人员通过二维码附加信息了解进场机械、设备在施工现场的具体位置以及运用状况。当机械设备离场时，管理人员通过二维码附加信息及时找到机械设备，防止丢失与损坏。

5. 远程监控

在远程监控方面，智慧工地不仅是对施工场地及周围装摄像头，在项目部建立监控室，对施工场地进行监控，而且通过互联网，让建设单位、施工单位、监理单位以及工程质量、安全生产、环境保护等建设主管部门通过手机APP与PC端，实时了解施工现场的进展状况。

4.3.3 房屋建筑工程智慧工地应用案例

1. 工程项目概况

1）项目简介

NT中央创新区医学综合体项目，地下2层，地上塔楼13层，裙房3层，建筑总高度59.0米；总建筑面积364 509.72平方米，其中地上建筑面积220 259.85平方米，地下建筑面积144 249.87平方米，人防建筑面积为79 833平方米。根据建筑使用功能，把综合楼地上部分分为塔楼（T1、T2、T3、T4）、裙房和连廊雨棚等六个独立结构单体（图4-3）。综合楼地上部分主楼建筑平面呈工字型，建筑体形不规则且平面超长，东西向长度约250米，南北向宽度约190米；设置总床位数2 600张。

主体结构包括钢筋混凝土框架剪力墙结构、装配式结构、劲性混凝土结构，外墙材料为金属幕墙和石材幕墙体系。

图4-3　NT中央创新区医学综合体项目效果图

2）工程项目难点

该工程工期短，总工期为960天。必须在2021年7月1日确保医院正式运营，向建党100周年献礼。质量要求高，合同约定力争"建设工程鲁班奖"。规模大单栋地下室建筑面积14万平方米，单栋地上建筑面积22万平方米。医院的专业工程多，专业分包多达20家。总承包管理协调难度大。

3）工程项目创新性

该项目亮点将BIM技术融入智慧工地数字平台，运用数字化手段增强管理效益。

4）应用目标

针对该项目难点通过"BIM+智慧工地"的各项数字化应用，确保合同目标的实现。最终形成全员参与数字平台质量、安全、成本控制的新管理模式。实现项目责任成本降低5%的新目标。通过本工程的磨合，在新承接工程项目后的所有管理人员能主动实施数字平台管理。

5）应用内容

（1）开工之初，落实应用劳务管理系统、扬尘监控系统、视频监控系统、水电监控系统。通过以上技术的应用，规范了进城务工人员实名制用工管理，避免薪资纠纷，规避了扬尘超标引起的企业不良信用记录，对整个项目360度无死角监控，减少财产损失和事件的可追溯性，促使项目所有人员节约用水、用电。

（2）正式开工后，落实应用"BIM+智慧工地"管理平台（质量管理系统、安全管理系统、BIM+技术管理系统、生产管理系统等）。通过以上技术的应用，质量管理过程中发现问题及时上传，系统进行数据分析，减少质量通病的发生，安全管理系统可以对危险性较大分部分项工程（简称危大工程）进行平台可视化管理减少隐患的发生，减少由于设计变更、方案信息传递不及时而产生施工遗漏造成返工。

2. 技术应用整体方案

1）组织架构与分工（略）

2）软硬件配置（表4-1）

软硬件配置 表4-1

序号	配置项	品牌参数	用途简述
1	智慧平台	云管理平台	将施工现场的应用和硬件设备集成到一个统一的平台，并将产生的数据汇集，形成数据中心。各个应用模块之间可以实现数据的互联互通并形成联动，同时平台将关键指标、数据以及分析结果以项目BI（Business Intelligence，商业智能）的方式集中呈现给项目管理者，并智能识别问题进行预警
2	塔式起重机黑匣子+吊钩视频系统	塔机监控管理系统+海智吊钩可视化系统	塔式起重机力矩监测，重量矩监测，行程监测，回转监测，塔式起重机群作业监测。吊钩视频用于塔式起重机驾驶员观察吊钩下方生产作业情况，提供驾驶员盲区的视距延伸
3	智能安全帽	芯片识别安全帽	通过工人佩戴装载智能芯片的安全帽，现场安装"工地宝"数据采集和传输，可实现数据自动收集、上传和语音安全提示，可清楚了解工人现场分布、个人考勤数据等
4	环境监测+扬尘喷淋联动系统	喷淋联动系统	环境监测系统可以实现对扬尘、气象、噪声进行实时监测，当出现设定的非正常值，平台可以进行报警。现场可根据扬尘监测数据，按设定值自动开关联动的喷淋、雾炮机，自动控制、按需用水
5	高支模监测	高支模自动化监测设备	及时反映高支模支撑系统的变化情况，预防事故的发生，对支撑系统进行沉降和位移监测，有效避免因变化过大发生垮塌事故
6	卸料平台监测	卸料平台报警系统	使用传感器监测卸料平台载重数据，一旦超过预设数值，便会进行报警并发送数据至后台预设安全人员
7	安全质量巡检APP	安全质量移动端巡检系统	运用手机端云建造APP实现安全巡检，质量巡查，危大工程排查等各项检查记录的电子化痕迹，并形成了责任明确的环状整改闭合模式
8	BIM 5D	BIM 5D标准版	通过轻量化的BIM应用方案，达到减少施工变更、缩短工期、控制成本、提升质量的目的，同时为项目和企业提供数据支撑，实现项目精细化管理和企业集约化经营
9	劳务实名制管理系统	实名制考勤系统（人脸识别）版	通过智能终端硬件设备实现对劳务实名制管理，完成劳务基础数据收集，规范项目劳务管理，通过劳务数据动态实时反馈，结合业务场景实现移动作业管理
10	安全教育BIM+VR	BIM安全教育系统	通过对施工人员进行沉浸式和互动式体验，让体验者得到更深刻的安全意识教育以提升全员的生产安全意识水平，系统案例均参考项目真实事故，包含事故发生前、事故触发、采取措施、事故后等环节
11	LCD拼接屏/会议室大屏	LG4×4块55寸拼接液晶屏	高清拼接液晶显示、高刷新频率、色彩艳丽、拆装方便灵活，支持各种视频会议，最高支持4K分辨率桌面采集编码

续表

序号	配置项	品牌参数	用途简述
12	视频监控系统	夜视枪机46组+高清夜视球机8组	视频数据通过3G/4G/Wi-Fi传回控制主机可对图像进行实时观看、录入、回放、调出及储存等操作，对图像进行自动识别、存储和自动报警
13	智能水表、电表监测系统	智能水电表	无需人工抄表，办公区、生活区、施工区分区统计用水、用电量，按日、周、月、季度等区间统计，各区能耗状态一目了然。监测当前电箱电压、电流、有功功率、无功功率、功率因数、用电量

3）标准依据

（1）《建筑信息模型应用统一标准》GB/T 51212—2016，2017年7月1日起实施。

（2）《建筑信息模型施工应用标准》GB/T 51235—2017，2018年1月1日起实施。

4）制度保障

（1）奖惩制度：每月按安全隐患、质量整改、进度完成情况上传数量纳入月度绩效考核成绩。对于迟报、漏报、不报，本月考核不合格，同时处以责任人500元罚款并全场通报。

（2）沟通制度：项目经理组织学习"BIM+智慧工地"平台使用方法。确保各岗位人员对平台的充分理解。

3. 技术应用实施过程

1）人员技术培训

在智慧工地运用之前便由施工单位技术部门针对项目的实际情况制定了详细的智慧工地实施策划（三维策划展示动画），对涉及的相关智能设备进行了多方调研，经过软硬件实力的多次比较，最终确定了综合实力较强的广联达作为智慧平台进行项目智慧管理。

在智慧工地运作之初，项目部与广联达公司组成了联合打造小组，对各智慧工地施工分项进行软件和硬件的安装方案分解，广联达技术中心组织了多次软件管理应用实体教学，促进项目管理团队掌握各软硬件的参数性能及应用方法。经由小组成员对智慧工地实施策划的深入研究打造，各项应用均达到了预期的效果。

2）BIM+技术管理系统应用

医院公用建筑工程由于功能改变多，结构复杂且施工图设计时间仅为3个月，造成整个工程变更极度频繁。项目采用了"BIM+技术管理系统"，由项目技术总负责收集所有变更和所有方案及危大工程的三维交底文件上传至数字平台并发出通知。所有管理人员、班组长通过手机APP就能及时收到通知、通过与原图的链接查找到变更的具体位置与变更的内容。根据三维交底和施工方案指导现场施工，加快了信息的传递，避免施工遗漏造成返工。

4.3.4　市政工程智慧工地应用案例

1. 项目描述

TB市综合管廊及附属工程为市政公共建筑工程，建成后可将城市热力管道、给水、中水管道、电力、电信管线接入等。工程建设投资14.8672亿元，道路长度5.12千米，综合管廊主线长度约4.72千米。为特大型市政工程。见图4-4所示。

2. 解决方案

项目为TB市重点工程，根据项目需求，采用"展厅+BIM+智慧工地"的整体解决方案。

（1）展厅内容：采用整体式新型展厅内部包括：工程沙盘、整体大屏、炫彩灯柱、汇报背景板、VR安全体验等。

（2）"BIM+智慧工地"主要内容：项目以模型为基础，以智能硬件为支撑，集成施工过程中的生产、质量、安全、劳务等管理信息，实现施工过程全要素管理。见图4-5所示。

3. BIM应用

项目利用信息模型进行生产管理、质量、安全、技术等多方面管理。

图4-4　综合管廊工程示意图

图4-5 "BIM+智慧工地"管理内容示意图

4．模型集成

项目管理平台集成了管廊的土建模型、各管线模型，利用平台优势实现BIM信息共享。

1）生产管理

项目利用管理平台实现生产管理，通过计划编排、任务跟踪、数字周会、智能决策实现生产过程管理。

通过管理平台编辑三级进度计划（总计划、月计划、周计划），总计划、月计划通过斑马进度编制并上传。见图4-6所示。

图4-6 三级进度计划管理示意图

通过管理平台施工任务结构、任务包等功能快速编排周计划。

现场管理人员通过手机端反馈任务完成情况、统计劳动力、材料、设备情况。

管理平台根据生产管理的任务完成情况、劳动力、材料设备等数据进行集中汇总展示，项目管理人员通过管理平台直接召开数字周会，改善传统生产的模式，做到有据可依。

利用管理平台手机整理施工各种照片，后期可以分类查询并导出。

利用BIM+智慧工地数据决策系统对生产管理数据进行集中展示，通过展厅大屏、项目会议室大屏等多端进行汇报。

2）质量管理

质量管理人员通过管理平台，按照PDCA的流程进行管理，管理平台根据汇总的质量问题数据进行分析，为项目质量管理提供数据支撑。

质量管理是通过手机端快速发现质量问题，整改责任人通过手机端快速回复，最终实现问题闭合，快速灵活。所有的数据都会汇总到管理平台，在BIM+智慧工地集中展示。

3）安全管理

安全管理人员通过平台进行安全管理，按照隐患排查治理的流程进行管理，管理平台根据汇总的安全问题数据进行分析，为项目安全管理提供数据支撑。

安全管理是通过手机端快速发起隐患排查治理，整改责任人通过手机端快速回复，最终实现隐患闭合，快速灵活，所有的数据都会汇总到平台，在BIM+智慧工地集中集中展示。

4）技术应用

利用管理平台进行施工模拟，并对进度进行检视。

利用管理平台对工序动画环节进行工艺模拟，通过管理平台生成动画，并通过手机端进行交底。

5. 智慧工地应用

该项目以智慧硬件为支持实现劳务实名制管理、智能安全帽（劳务+人员定位）管理、智能监控、智能烟感、混凝土测温、车辆进出场管理等应用。见图4-7所示。

1）劳务实名制管理

项目在工区门前安装了劳务实名制管理系统，系统采用4通道翼闸，人员通过信息直接传输到平台，在现场大屏和系统内均可显示信息。实现劳务实名制管理、人员考勤管理等。见图4-8所示。

图4-7 智慧工地应用示意图

图4-8 劳务实名制门禁示意图

2）智能安全帽管理

智能安全帽可以与劳务管理系统集成，可以进行人员工时统计、人员定位、人员轨迹等功能。通过现场布置的"工地宝"接收智能安全帽发射的信号，来获取人员信息，实现统计和定位。见图4-9所示。

3）环境监测管理。现场采用环境监测智能硬件进行环境检查，并控制喷淋设备和智能洗车设备。见图4-10所示。

6. 综合效益

该项目以BIM模型为基础，运用智慧工地理念，以智能硬件为支撑，以展厅为展示平台，集成施工过程中的生产、质量、安全、劳务等管理信息，实现施工过程全要素管理，获得了较好的管理效益、社会效益、人才效益。

图4-9　工地宝示意图

图4-10　环境监测管理

（1）管理效益。通过BIM技术及BIM+智慧工地的应用，实现了项目策划的进度、成本、质量、安全四大主要管理目标，积累了翔实的项目数据，为后续项目的实施提供了管理数据。

（2）社会效益。通过BIM技术及BIM+智慧工地的应用，拓展了公司科技创新能力，提高了公司精细化管理水平，扩大了企业的品牌影响力。

（3）人才效益。通过BIM技术的实践，为公司培养了BIM专业应用人才8人，共有30多人参加到BIM应用过程中，为后续项目的BIM应用储备了专业人才。

4.4　智能建造与新型建造方式

新型建造方式是随着当代信息技术、先进制造技术、先进材料技术和全球供应链系统与传统建筑业相融合而产生的，新型建造方式是现代建筑业演变规律的体现。2016年2月，中共中央、国务院印发《关于进一步加强城市规划建设管理工作的若干意见》。其中，针对大力发展装配式建筑提出新型建造方式。在实践中，新型建造方式涵盖了更大的范畴。国内专家毛志兵、吴涛、叶浩文等认为：新型建造方式是指在工程建造过程中能够提高工程质量、保证安全生产、节约资源、保护环境、提高效率和效益的技术与管理要素的集成融合及其运行方式。在工程建造过程中，新型建造方式是强调以"绿色化"为目标，以"智能化"为技术支撑，以"工业化"为生产手段，以"精益化"为管理基础，以工程总承包和全过程工程咨询为组织实施形式，实现建造过程"节能环保、提高效率、提升品质、保障安全"的新型工程建设方式。从技术经济范式的角度，绿色建造方式的关键生产要素在于生成绿色建筑产品，装配式建造方式的关键生产要素在于工艺技术变革，智能建造方式的关键生产要素在于生产手段创新。新型建造方式的融合和协同发展推动着建筑业高质量发展的进程。

4.4.1 智能建造与装配式建造方式

1. 装配式建造概念及其组织模式

国务院办公厅《关于大力发展装配式建筑的指导意见》（国办发〔2016〕71号）中对装配式建筑给出的定义是：装配式建筑是用预制部品部件在工地装配而成的建筑。从建筑产品工艺特征上讲，从远古时代到今天，人类所创造的所有建筑物基本都是"装配式建筑"。装配方式是建筑产品建造的基本工艺特征。大力发展装配式建筑，不仅是建造方式的变革，也是建筑业生产方式的革命。通过大力发展装配式建筑，助力并驱动建筑业从技术和管理以及体制机制上发生根本性变革，从而实现建筑业的转型升级。

装配式建筑以"五化一体"的建造方式为典型特征，即标准化设计、工厂化生产、装配化施工、一体化装修和信息化管理。从技术层面，通过建筑、结构、机电、装修的一体化，以建筑设计的技术协同来解决产品问题。从管理层面，通过设计、生产、施工的一体化，以工程建设高度组织化解决效益问题。从生产方式层面，通过技术与管理一体化，解决装配式建筑的高质量发展问题。发展装配式建筑的核心在于大力推行以工程总承包（EPC）为龙头的设计、生产、施工一体化管理模式。采用工程总承包方式才能充分发挥装配式建造工艺的优势。正是因为如此，在国办发〔2016〕71号文件中提出"装配式建筑原则上应采用工程总承包模式"。并要求健全与装配式建筑工程总承包相适应的发包承包、施工许可、分包管理、工程造价、质量安全监管、竣工验收等制度，实现工程设计、部品部件生产、施工及采购的统一管理和深度融合，优化项目管理方式。

2. 智能建造与装配式建造的协同发展

2020年7月3日，《住房和城乡建设部等部门关于推动智能建造与建筑工业化协同发展的指导意见》（建市〔2020〕60号）中提出：围绕建筑业高质量发展总体目标，以大力发展建筑工业化为载体，以数字化、智能化升级为动力，创新突破相关核心技术，加大智能建造在工程建设各环节应用，形成涵盖科研、设计、生产加工、施工装配、运营等全产业链融合一体的智能建造产业体系，提升工程质量安全、效益和品质，有效拉动内需，培育国民经济新的增长点，实现建筑业转型升级和持续健康发展。装配式建造是建筑工业化的典型代表形式。

国家大力发展装配式建筑的政策导向推动建立以标准部品为基础的专业化、规模化、信息化生产体系，加快推动新一代信息技术与建筑工业化技术协同发展，在建造全过程加大BIM、互联网、物联网、大数据、云计算、移动通信、人工智能、区块链等智能建造新技术的集成与创新应用。从装配式建筑未来发展看，智能化技术体系必将成为重要的工具和手段。例如，BIM技术的主要功能：三维可视、专业协同、数据共享，主要用途是建筑设计、施工模拟、技术协调。

随着人工智能、大数据、物联网等技术的普及，装配式建筑的生产过程要采用BIM+EPC的建造管理模式，用数字技术串联整个业务链条。在智能建造大背景下，我国装配式建造管理模式的发展重点主要集中在以下几点：一是信息化底层技术的研发。汇聚海量的数据，搭建信息化平台框架，为项目建设过程中的信息资源高效流通打好基础。二是智能化设计。建立以BIM为核心的智能

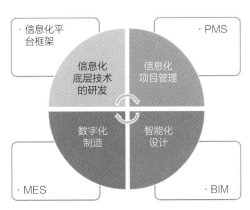

图4-11 装配式建筑发展重点示意图

化设计体系，打破传统的出图模式和多人多专业的协同方式，使设计进入三维甚至多维时代。三是数字化制造。建立以MES（Manufacturing Execution System，制造执行系统）为核心的智能化制造体系，实现施工现场的自动化、智能化。四是信息化项目管理。建立以PMS（Production Management System，生产管理系统）为核心的运营管理云平台，实现总装的机械化、精确化。见图4-11所示。

同时，装配式建造企业主要致力于建立数字化信息技术平台，突破技术壁垒，充分发挥其技术共享、资源互补、信息共通的特征，构建适应装配式建筑全产业链共同发展的技术和管理体系。基于数字化信息技术，以BIM为核心数据，共享前端数据模型，整合数据接口，主导设计、采购、生产、物流、施工、装修和管理等不同业务板块，通过建筑模型的协同化设计、可视化装配等整合装配式建筑全产业链，实现全过程、全方位的信息集成和数据驱动。

4.4.2 智能建造与绿色建造方式

1. 绿色建造的概念

根据中国建筑业协会2022年12月1日发布的团体标准《建筑工程绿色建造评价

标准》T/CCIAT 0048—2022的定义，绿色建造是按照绿色发展理念要求，着眼于建筑产品全寿命周期，通过科学管理和技术创新，采用有利于节约资源、保护环境、减少排放、提高效率、保障品质的建造方式，实现人与自然和谐共生的工程建造活动。绿色建造的提出是人民日益重视环境保护的必然选择，发展不能以生态破坏和环境污染为代价。国际建造业的实践表明，通过改进整个施工工艺来减少废弃物，要比工厂处理已经排放的废弃物大大节省开支，因此，当绿色建造发展到一定阶段时，在虚拟建造技术中必定融入和集成绿色建造元素。绿色建造与传统建造的区别见表4-2。

绿色建造与传统建造的区别 表4-2

	传统建造	绿色建造
项目指标层面	以成本、质量、安全、工期为主要控制指标	在传统建造控制指标的基础上，增加"四节一环保"的绿色控制指标，且为有限考虑因素
项目总体目标层面	以最低的成本实现建造指标要求	以保护环境和节约资源为前提，成本节约不能违背绿色建造指标要求
项目管理层面	对设计、采购、施工等各个环节，采用分散化考核和粗放式管理方式	对绿色设计、绿色建材采购、绿色施工等各个环节，更加注重信息的有效传递，资源的高效利用，各节点企业的深度协同管理
技术创新层面	传统建造技术已经形成了较为成熟完善的体系，技术创新获得的机会成本较低	随着绿色建造的标准要求的不断提高，技术进步成为绿色建造的重要保障，技术创新成为企业提高自身竞争力的必然趋势
利益相关者目标层面	利益相关者都以实现自身的经济效益最大化为主要目标，组织之间相互克制，彼此对立	经济效益与社会效益、环境效益并重，利益相关者需要通过协同合作、信息共享形成利益共享联盟提高整体利润，分摊建造风险

中国工程院肖绪文院士等专家认为，中国绿色建造的发展方向在于精益化、专业化、机械化、装配化和数字化。

（1）精益化是实现绿色建造目标的必然趋势。随着物质文明水平的提高，公众对建筑产品质量技术性能有了更高要求，绿色建造必须坚持持续改进、精益求精的方法，提供综合性能更优的工程产品。

（2）专业化是绿色建造发展的基本策略。工程建造实施专业化发展策略，有利于提高工程质量和工作质量，是推进绿色建造的重要保障及绿色建造发展的基本要求。

（3）机械化是实现绿色建造的基本要求。随着生活水平的提高，人们对改善作业条件、降低劳动强度的要求越来越高，机械化是实现这一目标的基本方式，工程施工机械在工程建造中的应用将日益广泛。

（4）装配化是绿色建造实现的重要途径。由于装配化具有节约资源、减少垃圾排放、提高效率等方面的优势，在工艺创新上是实现绿色建造目标的主要方式，也是绿色建造发展的重点方向。

（5）数字化建造历经若干发展阶段，其中智能建造是其发展的较高阶段，必须实现数字化设计、动态集成化平台驱动、机器人施工操作。智能化是促进绿色建造目标实现的较高技术手段，必须强化智能建造与绿色建造的融合。

2. 智能建造与绿色建造的融合发展

在数字经济时代，随着德国工业4.0、美国GE工业互联网、中国制造2025展示的应对新一轮科技革命和产业革命的战略措施在各产业领域产生的深远影响，智能建造已经成为工程建设领域重要的新型建造方式。绿色建造需要强有力的信息化技术支撑，以保持绿色建造与时俱进的态势。近年来，各种新一代信息技术不断涌现，对工程建设和管理的影响日益显著，特别是数字化能够大幅度提高工程建设的全过程优化、集成效益、可施工性、安全性、专业协同性、目标动态控制精度和智能化管理程度。借助于现代信息技术，能够更加精准地控制绿色建造过程的资源消耗和循环利用。通过智能建造与建筑工业化协同发展，推行绿色建造过程的大幅降低能耗、物耗和水耗水平，减少建筑垃圾的产生，将在施工过程产生的建筑垃圾消解于建筑产品形成过程之中，逐步实现建筑垃圾的近零排放。

绿色建造过程涉及建筑产业链上的多方主体，因而要利用建筑供应链各环节之间上游与下游企业所形成的生产工艺、构件流转、废旧材料再生关联和网链结构，推动建立建筑业绿色供应链，推行循环生产方式，提高建筑垃圾的综合利用水平。在绿色建造全过程加大BIM、互联网、物联网、大数据、云计算、移动通信、人工智能、区块链等新技术的集成与创新应用，推动建造技术的进步，变革生产方式，实现基于工程全生命周期数据模型的信息集成与业务协同。促进建筑业绿色改造升级。

华中科技大学丁烈云院士认为，智能建造的最终目的是提供以人为本、智能化的绿色可持续的工程产品与服务。智慧建筑、智慧社区、智慧城市，从本质上讲一定也是符合绿色可持续发展内涵的。智能建造目的是交付绿色工程产品，绿色建造的实现过程则需要智能化、数字化建造技术的支撑。二者从本质上是一致的。智能建造具体目标有三个：一是以用户为本，提供智能化的服务，使用户的生活环境更美好、工作环境更高效；二是提升建筑对环境的适应性，实现节能减排、再生循环；三是促进人与自然和谐。智能的本质应该是与自然生态、社会文化以及用户需求的体验相适应的，这样才能够构成绿色与智能之间良性的互动关系。

4.4.3 智能建造与精益建造方式

精益建造和智能建造在建造过程中均以绿色、节约、可持续发展为宗旨，都是以减少浪费、提高效率、创造价值为目的先进理念和建造方式。精益建造更注重建造过程中的成本最小化、价值最大化，而智能建造通过信息化手段将人、建筑、环境紧密联系，从而实现三者的平衡。把精益制造生产方式引入工程建设领域而形成的精益建造体系，以及把智能建造技术应用于精益建造管理过程，能够较大幅度地改善传统建筑业的标准化、定量化和精确度。以工程项目全寿命期集成管理思想为特征的智能建造技术为全面实现精益建造目标提供了有效的支持平台。

1. 精益建造的概念

精益建造（Lean Construction）是指在工程项目建设过程中，以价值原理为中心，利用各种先进技术、方法和理论，从而实现价值最大化，即质量有保证、最短工期、资源消耗量最少等，以及浪费最小化目标的工程项目管理新模式。精益建造来源于"精益生产"原理。精益生产是流动的产品由固定的工人来生产，而建筑施工是固定的产品，由流动的工序和流动的工人来生产。由于建筑工程项目具有复杂性和不确定性，所以精益建造不是简单地将制造业的精益生产的概念应用到工程建造过程中，而是根据精益生产的思想，结合建筑产品建造的特点，对工程建造过程进行改造，形成功能完整的工程建造系统。因此，精益建造是综合生产管理理论、建筑管理理论以及建筑工程建造生产的特殊性，面向工程项目寿命周期，减少和消除浪费，改进工程质量，提高施工效率，缩短工期，最大限度地满足顾客需求的系统化的新型建造方式。与传统的工程管理方法相比，精益建造更强调面向工程项目寿命周期进行动态控制，持续改进和追求零缺陷，减少和消除浪费，缩短工期，实现利润最大化，把完全满足客户需求作为终极目标。精益建造基于消除八大浪费原则、关注流程和提高总体效益原则、建立无间断流程以快速应变原则、降低库存原则、全过程高质量一次成优原则、以顾客需求拉动生产原则、标准化与创新原则、尊重员工和员工授权原则、持续改善原则，追求"零浪费""零污染""零库存""零缺陷""零事故""零返工""零窝工"的目标。

精益建造的思想与技术已经在英、美、日、芬兰、新加坡等国家得到广泛的研究和实践，很多实施精益建造的建筑企业已经取得了显著的效益，如建造时间缩短、工程变更和索赔减少以及项目成本下降等方面。统计资料表明，建筑施工现场有100余种浪费现象，消除这些浪费现象能够显著改进资源利用效率、降低施工成本。把精益建造原理、方法应用于智能建造过程，有利于提高建筑产品建造过程的资源利用效率，减少环境污染，提高工程质量和安全生产水平。

2. 智能建造与精益建造的融合发展

精益建造注重于管理技术的应用，而智能建造侧重于建设全生命周期中信息化、数字化技术的应用，以及建设环境的智能化。智能建造融合精益建造的理论思想，为建筑业的高质量发展提供了新思路。因此，可借鉴精益建造思想，拓展智能建造的理论体系。

在工程建设过程中，信息处理量巨大，如果不借助现代信息技术，难以完成这样的信息处理。例如，普通的一套房屋，很难准确掌握其所需要的物料、工时、人工等必需信息。在这种情况下，精益建造就无法实现其基本目的。而现代信息技术与建筑技术相结合发展形成的智能技术，为精益建造的实施提供了有效的技术平台。随着BIM技术、人员设备定位技术、物联网传感器、视频监控等技术在工程建设领域的应用，助力项目管理团队以最小的资源（人力、设备、资金、材料、时间和空间等）消耗，为项目设计、施工和运维的全参与方以及各环节的技术提供协作平台，更快地建成高质量的工程实体，促进了精益建造理念目标的达成，实现真正的精益化管理。

1）智能建造为并行工程的实施提供平台

在精益建造过程中，并行工程的优点在于能够同时展开项目可研、采购、设计、施工、销售等相互关联的多项工作，以最短的工期、按业主方要求交付建筑产品。这个过程必然要求在扁平化的组织和信息系统平台上，各阶段主体的不同专业人员相互协作、共同工作，各项工作之间可视化、透明化，即时交流反馈工程进展、资源配置、过程状态、成本费用等信息，共同研究问题和提出解决方案。方案一旦确定，负责劳动组织、材料与设备采购、施工技术的各部门都可以同时得到与方案相关的信息，进而按要求履行相应的工作职责，从而大大缩短资源准备、施工组织、技术交底等时间，从而加快工程进度。因此，并行工程实施的基础是信息交流平台。BIM为项目开发方、采购方、设计方、施工方、销售方、运维方提供了全新的信息交流平台，项目参与各方可以直接看见设计成果，获取加载于模型的建设项目信息。

2）通过碰撞检查减少设计变更

目前，建筑行业的设计变更是普遍的现象，设计变更也会带来巨大浪费。BIM

通过预先模拟项目的建设过程，及时发现专业设计中存在的碰撞点，在施工前就完成设计变更，减少施工完成后再对工程实体进行更改。同时BIM也可以实现对项目建设的提前预演，以便及早发现问题，及时更改，实现项目建设精益理念。

3）消除工程建造过程的浪费

在"双碳"目标的要求下，建筑业面临的节能减排、消除浪费的压力进一步增大。通过BIM模型可以减少建筑产品建造及运营过程中的浪费现象。例如，通过设计阶段的能耗分析，可以发现建筑节能设计方面的缺陷，及时改进设计。在施工阶段，可以通过BIM模型的数据，与供应商确定准确的资源需求，减少浪费。还可以通过协同多个工序的进度或空间位置，消除或减少等待、停滞、窝工等方面的浪费。

4）为项目团队合作交流提供平台

精益建造实施并行工程要求项目参与方以团队的方式开展工作，实现团队协作的基本前提就是实现项目团队的信息共享。BIM是包含丰富数据信息的信息库，涵盖整个项目寿命期和所有项目涉及的专业信息，利用BIM三维可视化的平台和数据共享的特点，在项目团队中进行数据交换，构成多方信息共享的沟通交流合作的平台。

5）为建筑供应链管理提供技术平台

精益建造的一个显著特点是准时生产（Just in Time，JIT），"零浪费"是精益思想的终极境界，这是一种以零库存或者最小库存为追求目标的生产组织与管理系统，其基本要求是"只在需要的时间，按需要的数量和质量，生产所需的产品"。准时生产方式通过对建筑供应链的管理，消除材料设备的供货延迟、施工现场的停工待料等浪费现象。BIM通过建筑模型的模拟和优化，实现了建筑信息的集成化、共享化，供应链管理者可以根据建筑模型的材料设备需求信息安排货物采购供应，满足准时生产对各类资源供应的要求。

4.5　智能建造与工程项目管理创新

经过40多年的改革开放和快速发展，建筑业取得了举世瞩目的巨大成就，但传统建造模式存在着管理粗放、效率低下、浪费较大、科技创新不足等问题。智能建造借助互联网、云计算、移动大数据等技术，消除项目业务流程的痼疾，打造以项目为中心的高效管理平台，创新工程项目管理模式，从而助力建筑企业在日益激烈的竞争中处于领先优势。

4.5.1 基于BIM的工程项目管理创新

BIM是智能建造的核心技术，BIM技术可以应用于工程项目管理的众多业务领域，彻底改变传统项目管理的弊端，提升项目管理的效率。

1. 工程项目集成管理方面

以BIM技术应用为核心，并与其他信息化技术集成应用，形成BIM+应用模式，例如，BIM+3D扫描、BIM+云计算、BIM+物联网、BIM+虚拟现实等。BIM技术工程项目管理主要从设计管理、质量管理、安全管理、进度管理、造价管理、施工技术管理等方面实现管理模式创新。

2. 设计管理方面

在设计阶段，BIM团队紧密配合，在设计与建模的同时，融入施工管理人员对施工工艺的理解和项目管理经验，优化和解决图纸问题，大大减少后期设计变更。在沟通与信息管理方面，部署项目级BIM协同工作平台，将BIM模型上传至协同平台，各参建单位管理人员经授权，均能通过平台移动端查阅和使用BIM模型信息和管理数据，提高沟通协调效率。

同时协同工作平台也作为项目信息资料管理平台，实时收集施工过程中产生的工程技术资料和信息，实现数据云端存储、文件在线浏览、设备信息资料关联、文档协同管理等功能，提高信息管理与共享能力和协同管理效率。

3. 进度管理方面

BIM团队实时采集项目实际进度，录入BIM协同工作平台中，定期形成项目进度模型，每月定期进行进度偏差分析，提出相应纠偏措施，提醒相关方整改落实。参建单位可通过手机端查看项目进度情况。通过BIM 4D进度模型，实现实际进度与计划进度的可视化对比，直观反映项目进度偏差，辅助项目管理人员进行偏差原因分析，提出纠偏措施，确保项目进度按期完成。

4. 质量管理方面

通过三维可视化进行质量技术交底，指导施工。将质量控制点、施工重点、难点部位、技术保障措施通过BIM三维模型向施工人员直观呈现，避免了因技术交底不充分、不到位而导致的施工质量问题，充分发挥事前控制的作用。基于BIM协同工作平台，通过手机端实现各参建单位对质量工序的协同验收，每次质量验收均有据可查，确保工序有序开展，加强质量事中控制。利用BIM协同工作平台，将参建单位管理人员纳入统一质量管理体系，发现问题，第一时间通过移动端将问题传送给相关人员，问题整改完成方可闭环结束。后期通过平台统计，可以清楚地分析主要原因并制定针对性的管理措施。

5. 安全管理方面

利用BIM协同工作平台，对现场安全问题进行协同管理，及时发现、整改问题，提高安全问题处理效率。通过建立安全管理模型，指导现场安全文明设施设置，识别重大危险源，协助安全管理人员做好安全教育和安全管理工作，通过三维平台布置模型，进行突发情况安全疏散指导。各参建单位安全管理人员都可以将工作记录在BIM协同工作平台，实现安全管理工作的制度化、规范化、动态化，实现项目安全平稳实施。

6. 造价管理方面

通过建立各专业预算模型，以可视化数据的方式展示建筑工程施工中的材料消耗以及建设进程，可以准确提取完成工程量信息，辅助项目管理人员工程进度款的审核报批工作，有效提升进度款审批工作效率。可以直观地反映项目当月、当季、当年的产值、成本、利润等情况，预测未来资金需求走势，为项目管理人员合理配置资源提供数据支撑。

7. 施工技术管理方面

通过复杂节点深化、施工方案模拟，对施工班组及管理人员进行技术交底，可以让他们直观地理解技术要点和施工工艺，通过BIM视图机制，将施工二维图纸提供到班组指导施工，使施工人员对工程项目的技术要求、施工方法有了细致的了解。同时通过BIM模型可以看出相关材料工程量，为施工班组的材料采购提供有效的数据支撑。

4.5.2 数字化项目管理模式创新

以"BIM+智慧工地"为主线的数字项目管理平台，可以覆盖BIM建造、智慧劳务、智慧安全、智慧物料、智慧质量、智慧生产、智慧商务等多种场景的应用。

智慧生产，引入了精益生产思想，通过计划管理、生产跟踪、生产协调及分析决策的PDCA循环，使生产管理风险减少70%；并通过实时在线的作战地图，让管理者随时掌握现场动态，使岗位效率提升40%；真正实现让计划管理严谨可控，让跟踪管控及时完整，让生产协作高效便捷，让分析决策有理有据。

智慧质量是基于BIM、移动互联网和大数据技术，实现质量管控工作标准化、过程管理规范化，并实现企业与项目决策数字化。

智慧安全是用人工智能和物联网技术使安全隐患从被动检查到自动识别，实现安全智能化管理。

智慧物料，是通过端、云、物联网、AI技术替代现场手工作业，数据自动上传，表单自动生成，大幅提升效率、节约成本。

智慧劳务，以物联网+智能硬件为手段，能够实现人员劳务的实名制管理、视频监控、安全预警、考勤管理、工资监管、黑名单管理等，对场内人员动向、现场用工数量实时掌握，并能够实现共享，建立健全的工人评价体系。

智慧商务，是基于BIM技术实现成本的精细化管理，实现高质量的目标成本管理、过程成本管理、经营报告输出。

"BIM+智慧工地"数字项目管理平台使先进的数字化技术真正应用到项目管理，覆盖质量安全巡检、生产任务派分、安全教育、技术交底、物料验收等各种场景，无疑将会更好地赋能智能建造，承载起智慧城市、智慧社会的蓝图构想。

4.5.3 一体化项目管理云平台创新

为了整体提升集团企业、子公司和项目部三个层面的工程项目管理水平，建立一体化项目管理云平台是可行的重要手段。

1. 云平台功能结构

在项目部层面上，以BIM模型为核心，围绕项目管理基础工作，展开单项工具级和跨岗位的协同管理应用，做到围绕全领域、贯穿全过程、覆盖全岗位。在子公司层面上，结合企业丰富的工程实践，建立企业自身的技术标准体系，通过系统化的管理流程、协同化的管理系统以及专业化数据加工，革新企业传统的管理模式。在集团企业层面上，通过聚合资源，将BIM承载的工程数据与互联网共享模式以及新技术实现资源合理配置，引领行业朝着EPC、BOT、IPD方向进行业务模式深化变革。同时，企业通过BIM技术应用能力作支撑，延伸自身的业务领域，开辟新兴产业。

通过打造项目管理云平台可以实现以下三个目的：一是对管理需求进行系统性梳理，找到BIM技术和企业管理体系的结合点，从而进一步整合集团资源，打通业务间的协同；二是通过三级层面BIM应用搭建集团内部BIM架构体系和BIM人才梯队；三是结合企业业务的特点，在积累企业管理标准和数据库的同时，形成一套BIM在施工企业应用的方法论，为同行业提供参考。

2. 云平台建设与运行

一体化工程项目管理云平台的建设包括了平台系统搭建，组织结构确立及应用标准制定三个方面。

1）搭建云平台系统

从企业主营业务角度可分为经营合同、生产管理、经济指标、资金管理、效能分析五大模块，五大模块的数据汇总来自项目层面对应功能模块的数据实时流转。通过对企业组织结构进行优化调整，对职能人员进行角色授权，实现企业云平台与业务体系的融合，综合提高智能化管理水平。通过准确、及时、全面的大数据分析，云平台能够帮助企业实现对人、财、物的全面管理和控制。企业决策层通过企业云平台，可快速获取相关管理信息，在庞大的企业数据库中，从不同来源的数据分析获取对现状的洞察和对未来的预测。

2）云平台业务运行

企业依据业务场景和岗位对业务流程进行还原、梳理、优化和串联，形成标准统一、业务闭环的体系。在统计分析及专业应用环节，依据工程项目建设过程，企业云平台及其配套系统中主要相关部门业务工作开展程序可分为两个阶段：

（1）准备阶段。工程中标后，首先，由市场经营部门在企业云平台进行项目合同备案、分配ID编码、录入基本信息。其次，由BIM中心搭建项目BIM模型并上传至企业云平台。最后，由成本控制部门编制项目预算成本、目标成本，确定资金支付红线，并将预算成本及目标成本上传至企业云平台。

（2）实施阶段。成本控制部门比对预算成本、目标成本、各阶段形象产值，编制审核报告上传至企业云平台。采购部门从企业云平台调取所有项目材料需用计划，通过集采系统按计划节点批量进行采购。工程管理部门通过企业云平台核实项目进度、核查项目资料。财务资产部门依据企业云平台呈现的项目支付红线，通过财务系统对项目进行资金支付。审计监管部门通过企业云平台对项目进行过程查阅、监督、审核。项目部通过项目综合管理工具实时采集项目实际进度、成本、生产等信息及大宗材料需用计划上传至企业云平台。

基于大数据技术，企业云平台对各专业系统上传的海量数据进行关联、分类处理、多维度集中呈现，企业管理者可按权限同时设置时间、地域、项目所属单位、项目进度等搜索条件，快捷查看相应的经济、质量、安全等各方面数据。从而让管理者及时、全面掌握业务工作开展现状，发现问题、及时改进，并进一步帮助管理者提高工作计划合理性和决策的准确性。

4.5.4　智能化行业监管模式创新

智能化建造将给建筑行业监管带来巨大的变化。利用物联网技术可以及时采集施工过程所涉及的建筑材料、建筑构配件、机械设备、施工环境及作业人员等要素的动态信息，并利用移动互联和大数据、云计算等技术实时上传、汇总并挖掘和分析海量数据，从而构成实时、动态、完整、准确反映施工现场工程质量、安全生产、环境保护状况和各参建方行为的行业监管信息平台，变事后监管为事中监管和事前预防，改变运动式的例行检查为常态化的差异化监管，提高监管效能，提升行业监管水平。

1．建设工程质量检测监管

工程质量检测是检查工程质量的重要手段，工程质量检测数据是评定工程质量的重要依据，因此加强建设工程质量检测管理，规范建设工程质量检测行为是工程质量监管的重要内容。

2022年12月29日，新版《建设工程质量检测管理办法》（中华人民共和国住房和城乡建设部令第57号）公布，要求检测机构应当建立信息化管理系统，对检测业务受理、检测数据采集、检测信息上传、检测报告出具、检测档案管理等活动进行信息化管理，保证建设工程质量检测活动全过程可追溯。随着质量检测逐步向社会化和市场化转型，基于物联网的建设工程质量检测监管信息系统应运而生，并取得了良好的应用效果。例如，广州粤建三和软件股份有限公司研发的"建设工程检测监管信息平台"、浙江志诚软件有限公司研发的"建设工程检测业务监管信息平台"、珠海新华通软件股份有限公司研发的"建设工程质量检测机构联网监管平台"等。

以广州粤建三和软件股份有限公司研发的"建设工程检测监管信息平台"为例，系统覆盖检测市场管理（如机构资质、人员资格、设备备案等）和检测业务及行为监管（如检测合同、检测数据、异常记录等），实现了工程质量检测数据和报告的在线监管、自动采集、实时上传、电子标记、分类归档等功能。总体来说，该系统的使用，规范了检测单位的质量行为，提高了工程质量评判的科学性、公正性、准确性，提高了工程检测管理及统计分析的技术水平。

2．混凝土质量监管

混凝土质量直接影响到建筑工程的质量、使用寿命以及人民生命、财产的安全。混凝土质量的形成经过生产、运输、浇筑、养护等多个环节，其中任何环节的失控都会导致严重的结构安全事故。利用物联网技术实现混凝土全生命周期过程的追踪管理，确保混凝土质量的关键节点信息在监管中，可以实现混凝土质量的有效监管。

以广州粤建三和软件股份有限公司研发的"混凝土质量追踪及动态监管系统"为例，介绍混凝土质量监管系统的主要功能。该系统及时采集并汇总从建筑材料供应到现场施工、质量检测等各质量控制关键环节的相关信息，在统一的信息平台上实现工程参建及相关各方（施工、监理、检测、材料）的信息共享，并将异常质量及行为信息及时予以警示，从而实现对工程质量的闭环控制。该系统将传统的混凝土质量管理分解成产品成型、质量检验、问题处理三道工序，通过信息平台，将混凝土生产（混凝土企业）、使用（施工单位）、监测（监理公司和检测机构）等孤立的质量控制环节串联成为一个虚拟的生产流程，通过这个流程带动了相关责任单位的质量行为和现场管理信息，实现对商品混凝土从生产到使用全过程的质量追踪管理。

该系统主要由混凝土生产使用数据集成管理平台、混凝土质量检验数据集成管理平台和混凝土质量问题处理平台三部分组成，分别对应混凝土质量控制流水线模型上产品成型、质量检验和问题处理三道工序。该系统对监督、建设、监理、施工、检测和混凝土生产等各责任主体的权利和义务进行了科学的分析，为各方设置了对应的工作平台。各方登录系统后，在简单、统一的界面里集中完成在产品成型、质量检验和质量督察平台里所对应的工作，从而方便了用户的使用。

3. 深基坑工程安全监督管理

基于物联网的深基坑工程安全监测通过使用新型监测设备，应用新型监测技术、无线传输技术，以及研发先进的标准计算模块实现深基坑工程安全监测数据的实时采集、实时传输、实时计算，达到科学预警、智能报警、协同管理的目标。目前国内多家软件公司先后发布了深基坑监测系统以实现地下工程和深基坑工程安全自动化监测，例如，广州粤建三和软件股份有限公司研发的"地下工程和深基坑安全监测预警系统"、北京交通大学土木建筑工程学院研发的"隧道监测信息管理与预警系统"、江西飞尚科技有限公司研发的"基坑在线监测系统"、北京浩坤科技有限公司研发的"隧道监测预警系统"等。以广州粤建三和软件股份有限公司研发的"地下工程和深基坑安全监测预警系统"为例，介绍基于物联网的深基坑安全监测系统功能。

（1）采集客户端。现场监测数据通过无线GPRS（General Packet radio senvice）连接PC，实时将监测数据传输至系统平台解算中心，进行实时解算，若监测数据不符合规范要求（操作方法或测试精度），则系统自动通过短信提示现场监测人员重新测量，若符合要求，则对外实时发布监测结果。

（2）机构管理。各监测单位通过自有登录账号登记单位信息，包含机构性质、规模、人员架构、资质概况、仪器设备及检定证书。

（3）监测管理。该模块包含数据解算、异常判定、数据展示、报警提示等多个功能子模块，该模块全面展示工程开挖施工进度、监测数据图表、工程安全状态，管理部门可通过该模块查询，有针对性地开展安全管理工作。

（4）实时监控。该模块对在建工地按照报警类型予以分类统计，以图形化形式显示各类报警工程信息。政府主管部门或相关单位，可通过管理系统直接查询、调用在建或已建工地现场的监测数据，实时掌握监测情况，直观分析监测数据。

（5）监督管理。该模块为监督管理部门网络操作平台，针对各监督人员个性化设置，对各工地实施精细化管理。同时根据报警等级不同，做到层次明确，实现安全管理扁平化。

通过该系统的应用，实现了深基坑工程安全预警报警，并追踪有关监测报警处理情况，使监测结果反馈更具时效性，以便及时采取相应措施，达到防灾减灾的目的，改变了建设工程行政和安全监督部门的管理模式，提高政府的管理效率，节约了行政成本。

4. 建筑起重机械安全监督管理

建筑起重机械使用过程中常见的安全事故主要有倾覆倒塌、高空坠落、相互碰撞或者与周围环境碰撞等，如图4-12所示。

基于物联网的起重机械安全监控集数据采集、存储、传输、统计分析和实时报警为一体，实现建筑起重机械的规范化、标准化和信息化监管，对提高起

图4-12 建筑起重机械安全事故原因分解图

重机械的安全运行管理水平、控制各种危险因素、预防和避免安全事故的发生具有重要作用。目前国内部分企业研发了建筑起重机械监控系统，例如，黑龙江共友科技发展有限公司研发的"起重机械安全监控系统"、广州粤建三和软件股份有限公司研发的"建筑起重机械安全监控系统"、温州朗派科技有限公司研发的"太阳能无线塔吊监控系统"、郑州恺德尔科技发展有限公司研发的"塔机安全监控管理系统"等。

5. 高支模安全监督管理

高支模架设作业作为一项施工难度大、技术要求水准高、危险系数强的综合性作业工程，容易集中性爆发安全生产事故。模板坍塌事故是建筑施工中极易引发群体伤亡的危险源之一，建筑施工企业的安全管理工作已将模板坍塌作为重大危险源进行识别和控制。为此，各级政府建设工程行政管理部门一直非常重视高支模施工安全，相继出台了多个安全管理办法和规定。

6. 现场绿色施工与环境污染监管

根据绿色施工基本指标，智能化建造技术可以实现对不同责任主体绿色施工、环境污染的检查、评价考核。绿色施工监管应用主要包括三部分：

（1）绿色施工管理。实现绿色施工管理层面各项业务工作，涵盖从绿色施工规划与方案设计、绿色施工日常工作管理、绿色施工示范工程项目的申报与审批、绿色施工企业自查与验收评审管理等业务。

（2）绿色施工在线监测。实现对施工项目能耗指标、水耗指标、施工噪声和施工扬尘指标的实时在线监测监控，并为绿色施工评价量化考核指标提供实时数据支撑。

（3）绿色施工评价。提供一种实时在线评价工具，为实现多专家在线评价打分与线下实地考察绿色施工实施措施并进行评价成为可能。

监管单位通过网络系统对现场绿色施工状况进行检查、评价考核，实现与企业绿色施工管理的数据共享、同步和实时反馈，提高监管效率。

第5章

建筑产业互联网生态与数字化变革

5.1 建筑产业互联网与平台生态

新技术革命与新产业革命的突破、融合和广泛应用,推动了消费互联网的成熟和生产互联网的蓬勃兴起,带动了新一轮的数字化浪潮,为社会经济转型提供了巨大的内生动力,催生了新兴产业的发展,加快了传统产业转型升级的步伐。"数字经济""数字企业""智能工厂""智慧城市"新业态等层出不穷,可以说,我们已经步入了数字化变革的新时代。各种数字科技的创新应用,已深刻改变着这个时代的产业发展模式,产业新生态在"颠覆性变革"中逐渐形成,行业"彻底洗牌"的风潮已被深刻感知。面对新形势,如何运用以数字技术为代表的先进生产力和生产科技,推动整个建筑行业的发展和转型,是值得全行业关注和探讨的问题。

5.1.1 建筑产业互联网架构

正如前述,数字建筑是建筑产业数字化变革的整体解决方案,是建筑产业数字化转型升级的战略目标。在建筑产业数字化转型升级过程中,构建建筑产业互联网需要技术平台、数据中台、业务中台和应用市场的基础支撑作用(图5-1)。在此基础上,围绕建筑产品全生命期,提供需求确认、设计、采购、制造、建造、交付、运维等专业应用服务。

1. 技术平台是基础

技术平台涵盖云计算平台、图形平台、物联网平台、BIM模型平台等。其中,物联网平台可以通过布置在工地现场、生产工厂、建筑空间中的传感器实时采集业务数据;图形平台、BIM模型平台可以将物理世界中的数据变成数字空间中的数

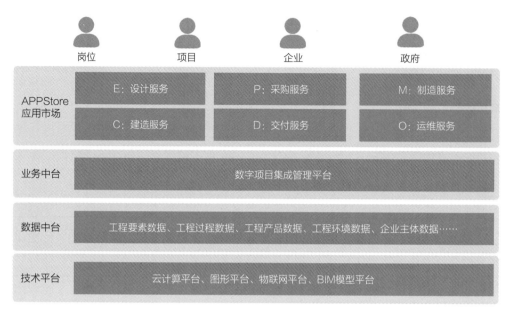

图5-1　建筑产业互联网架构示意图

据；云计算平台则是数据的存储、处理和流动的载体。技术平台作为建筑产业互联网的基础设施，实现业务数据的自动采集，构建起物理世界与数字世界连接的渠道，支撑着万物智联场景落地。

2. 数据中台是中枢

数据中台为建筑产业互联网的所有应用系统提供统一的数据接口，通过数据的存储、交换和分析，将工程要素数据、工程过程数据、工程产品数据、工程环境数据和企业主体数据等形成项目大数据，衍生数据智能。数据中台是集数据融合、治理、组织管理、智能分析为一体的整体平台，将数据以服务方式提供给业务中台使用，以提升业务运行效率、持续促进业务创新。

3. 业务中台是核心

通过业务中台，将大部分基础业务和管理业务集成业务组件，通过平台+组件的方式快速、灵活地生成组件应用产品方案，满足不同客户差异化使用需求。作为业务中台的数字项目集成管理平台，将赋能工程项目全参与方，围绕工程项目建设全过程，实现数据驱动的精益建造，全面提升工程项目的集成化和智能化管理水平。

4. 应用市场是关键

建筑产品和业务数字化的最终表现形式是各种应用及服务，即企业的最终用户直接使用或交互的系统。对于数字建筑平台而言，应用市场需围绕着项目全生命周期展开，为项目设计、采购、制造、建造、交付、运维等阶段提供服务。应用市场是否能够提供覆盖全面、高效安全、种类丰富的应用，直接决定着数字建筑平台的使用效果，影响着产业数字化的进程，是数字建筑平台落地的关键。

5.1.2 建筑产业互联网平台

建筑产业互联网平台作为推动建筑产业转型运行的载体，它以工程建造物联网为基础，通过工程建造软件和数据驱动实现供需交易的活动平台，赋能各方实现数字化、智能化管理与决策。建筑产业互联网平台将支撑全供应链、全产业链、全价值链的全面互联，实现弹

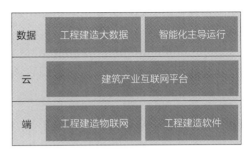

图5-2　建筑产业互联网平台结构

性供给和高效配置，推动工程建造组织模式、商业运行逻辑、价值创造机制的数字化转型。建筑产业互联网以工程项目建造为核心，在全社会范围内实现人、材、机、资金等的资源配置，全部相关方和要素可基于互联网实现在线化、数据化和虚拟化（图5-2）。

1. 工程建造物联网

工程建造物联网是物联网技术在工程建造领域的拓展。通过工程建造要素的泛在感知与连接，实现工程建造过程的协同优化、建造环境实时响应、建造资源的合理配置以及建造工序按需执行。

通过工程建造物联网构建一套工程物理生产线与工程数字生产线之间的基于数据自动流动的泛在感知、异构互联、虚实映射、分析决策、精准执行、优化自治的闭环赋能体系，解决建筑产品生产过程中的复杂性、多变性和不确定性问题，减少生产过程信息流失和失真的同时提高资源配置的效率。工程建造物联网作用于建筑产品生产的全过程、全要素、全参与方，实现工程建设活动与项目管理在线化，从而推动新型建造方式的范式升级。

2. 工程建造软件

工程建造软件定义工程建设数字孪生的规则体系，在数字空间通过算法对建造技术、工艺、流程、项目管理等知识的逻辑化、数字化和模型化，以软件为载体为用户提供应用服务。在设计阶段，通过全过程数字化模型构建，实现设计方案最优、实施方案可行、商务方案合理的数字化样品；在采购阶段，构建数据驱动的数字征信体系，使整个交易过程透明高效；在构件制造和建筑物建造阶段，通过基于

数字孪生的精益建造，实现工厂制造与现场建造的一体化；在运维阶段，通过大数据驱动的人工智能，可以自动优化设备设施运行策略，为业主提供个性化精准服务。

3. 工程建造大数据

工程建设过程中会产生大量的工程环境数据、工程要素数据、工程过程数据和工程产品数据（图5-3）。通过对数据的采集、处理、存储、分析，有效服务于工程的设计、建造、运维与项目管理，提升生产效率，实现由"流程驱动"到"数据驱动"的转变。工程建造大数据应用于企业管理，可以通过大数据分析，辅助企业精准解决管理问题，降低经营风险。工程建造大数据应用于行业治理，将形成数字征信，对建设主管部门的政策制定和实施评估以及对施工单位、设计单位等市场主体的监管与服务提供有效支撑。

4. 智能化主导运行

通过大数据、人工智能等新技术融合应用，加速推动数字化、在线化和智能化向设计、采购、生产、施工、运维等环节渗透，构建一套基于数据驱动、智能决策、精准执行的赋能体系，逐步形成智能主导从局部向系统再向全局，从单环节向多环节再向全流程，从单企业向产业链再向产业生态的智能运行体系，智能化将激发全生产要素的活力，促进决策革命，实现建筑产业向智能时代演变。

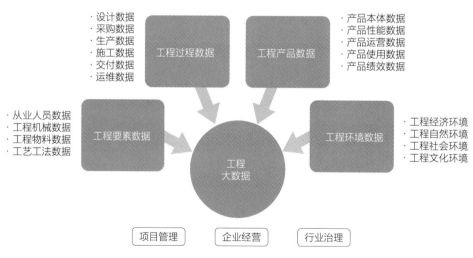

图5-3 工程建造大数据构成图

5.1.3　基于建筑产业互联网的生态系统

产业互联网的核心主题是打造新生态，通过产业互联网的融合，把产业链、供应链和企业的生产、经营、销售活动，都融入产业生态系统，彻底变革传统的产品生产形态和交易形态。

建筑产业互联网平台是项目全要素、全过程和全参与方连接的载体和枢纽，通过"平台+组件"的方式构建产业数字化转型的数字基础设施，为参与各方提供平等、开放、协作、共享的产业服务。在此基础上，构建多方参与、高效协同、开放共赢的产业互联网平台生态，将有助于聚集所有工程建造相关参与方，打破原有企业边界，促进参建各方的跨域协同，实现线上线下资源的共享。

基于"工具+数据+模型"，围绕建筑产品全寿命期，通过建筑产业互联网平台，建立起从物理世界到数字世界之间的映射，形成"感知、描述、分析、决策、执行"的业务闭环，构建起建筑产品数字孪生的新形态，赋能建筑产业各相关方大幅提升数字化建造与服务能力，实现建筑产品从单件定制走向能够满足个性化需求的大规模定制。

5.2　建筑产业数字化变革

5.2.1　数字化变革的全球共同认知

当前，数字信息技术迅猛发展，已经成为世界经济社会发展的重要驱动力，在信息技术产业全面深化和变革创新的新阶段，泛在、融合、智能和绿色发展趋势凸显，新产品、新服务、新业态大量涌现，对于促进社会就业、拉动经济增长、调整产业结构、转变发展方式具有十分重要的作用，新型数字科技、数字经济、数字化转型已经成为席卷全球的新趋势，未来，每个人、每个企业、每个行业都将裹挟其中。

实际上，产业数字化变革已在全球范围内呈现风起云涌之势。例如，英国出台了《数字英国战略》、德国推行《数字化战略2025》、法国启动"数字化革命计划2017—2027"，我国也正在积极发展数字经济，"数字中国"概念在党的十九大报告中凸显重要地位。在制造业，以数字化智能制造为代表的工业4.0正在突破传统制造业的边界，数字化革命正针对整个产业链的每个环节，以制造业为代表的先进的智能制造，在数字化变革之下已走在前列。无论是德国工业4.0还是美国的工业互联网抑或是《中国制造2025》，其本质都是智能制造，而智能制造的核心是新一代数字技术的集成应用。

5.2.2 数字化变革与建筑业高质量发展

2017年10月，党的十九大报告提出，"我国经济已由高速增长阶段转向高质量发展阶段"。2020年10月，党的十九届五中全会指出，"我国已转向高质量发展阶段"。习近平总书记在党的十九届五中全会上，进一步指出："经济、社会、文化、生态等各领域都要体现高质量发展的要求""不是只对经济发达地区的要求，而是所有地区发展都必须贯彻的要求""不是一时一事的要求，而是必须长期坚持的要求。"党的二十大报告指出，"高质量发展是全面建设社会主义现代化国家的首要任务"。在"十四五"乃至更长时期，高质量发展都是总要求，必须贯彻到经济社会生活的方方面面。

建筑业高质量发展是指建筑产品和服务满足人民日益增长的美好生活需要和可持续绿色低碳发展需要的发展方式。建筑业高质量发展是一个涉及发展方向、技术路径、规模增长、产业结构、综合效益、产品和服务品质等多个维度的系统工程。建筑产业数字化变革是实现高质量发展的必由之路。

全球新技术浪潮势不可挡。在消费升级拉动、环境要求推动、高质量目标倒逼以及科技创新驱动下，建筑业自身发展面临着转型升级的迫切需求。当前我国建筑业的数字化水平相对比较低，远不及智能制造、金融、媒体和信息产业，建筑业的数字化、信息化发展依然任重道远。对建筑业而言，以BIM技术为核心的云计算、大数据、物联网、移动互联网、人工智能等数字信息技术已日趋成熟，用数字科技助力建筑业数字化变革成为高质量发展的必然选择。

在建筑行业变革方面，欧洲正在力推工业4.0在建筑业的落地。英国政府2015年提出的建筑行业十年发展目标是降低成本33%，加快交付50%，减少排放50%，提高出口50%。广联达吸取国际经验提出数字建筑发展战略目标，即到2025年工程项目的进度可以加快30%，资金成本下降50%，二氧化碳的排放降低30%，零质量缺陷，零安全事故。为此，可以借助数字建筑产业平台，通过数字化设计、智能化建造、智慧工地、建筑产业互联网，让工程项目的进度加快，成本降低，质量安全水平提高，最终打造工业级品质的建筑产品。

5.3　建筑企业数字化转型路径与创新实践

基于数字建筑理念的数字化转型是建筑业的一场深刻革命。数字化转型涉及建筑产品生产的全要素、全参与方、全生命周期，借助于数据这种新的生产要素，改变原有的生产关系，激发更高的生产力，促进建筑业转型升级，推动建筑业绿色低碳高质量发展。

5.3.1　建筑企业系统性数字化转型实施路径

1.　系统性数字化转型的背景

在数字经济时代，数字化转型已成为建筑企业转型升级和高质量发展的新引擎。全球约72%的建筑企业认为，数字化转型是推动其业务流程、业务模式及生态系统变革的关键优先事项。然而，建筑企业的数字化转型投入大量成本，却步履艰辛、收效甚微。当前，建筑企业普遍面临三大困惑：其一，建筑企业数字化的方向和做法是否正确，企业数字化转型方面是否存在追求形式，浮于表面，价值低估，忽略本质等问题；其二，BIM应用是不是只是为了响应政府要求，智慧工地建设是不是就是多种不同功能的硬件配置与叠加，上线某个系统就是完成了数字化转型；其三，如何正确推进建筑企业的数字化，是不是用一个超大平台就能解决所有问题。目前，建筑企业单点式数字化的现象普遍存在。单点系统建设并没有形成有效连接，各个系统像一座座信息孤岛，企业和项目管理系统呈现单点碎片化，数据不通、管理不通、资源不通、业务不通成为常态，无法更好支撑企业核心能力建设。

为了消除建筑企业普遍存在的困惑和单点数字化现象，必须要转变思路，从建筑业业务本质规律和数字化本质特征的视角确立数字化转型的方略。每一个建筑产品都是一个复杂的系统，每一项工程建设活动也是一个复杂的系统，因此，建筑企业核心业务本质是一个"点—线—面—体"的集成系统。必须用系统性的思维破解系统性的问题。数字化的本质特征在于系统化，建筑企业数字化转型，也离不开系统性数字化。因此，建筑企业数字化转型应当系统性推进，并且注重全生命周期数字化管理。

2.　建筑企业数字化转型的误区

根据麦肯锡咨询公司的研究结论，企业开展数字化转型失败率较高，即便是数字技术应用水平较高的媒体、电信等行业也是如此。全球范围内企业数字化转型成功率在20%左右，而建筑等传统行业的成功率仅在4%～11%。

建筑业企业数字化转型成功率低的主要原因在于很多企业对数字化认识不清晰，走入误区。误区之一是数字化建设只重视"水面上的冰山"，只看表面不见本质。通常大家看到的只是数字化露在水面上的冰山，却忽略了水下体量更大、结实度更高的部分。数字化建设是系统性工程，包括数据生成、融合、分析、展示等过程。很多企业更关注的是数据展示，关注大屏幕上能看到的，却忽略了数据的生成、融合、分析的重要性。误区之二是主次颠倒，数字化畸形发展。从建筑业组织架构角度看，企业数字化分为"运营数字化"和"核心业务数字化"两部分。运营数字化包括人力、财务等环节的数字化，核心业务数字化则聚焦于工程项目建设阶段，包括规划、立项、设计、招标、投标、施工和运维等环节的数字化。核心业务数字化是主价值链，运营数字化是"支撑价值链"，运营数字化的目的，是为了驱动核心业务发展。而在现实中，不少企业对此认识不清，出现了本末倒置现象，把资源过多地投入运营数字化阶段，致使数字化畸形发展。因此，很多建筑企业数字化转型面临转型成本偏高"不能转"，转型阵痛期比较长"不敢转"，转型能力不够"不会转"的境遇。

3. 建筑企业数字转型的基本目的

建筑产品建设周期长、资金投入大、工程地点分散、建造方式落后、管理方式粗放、盈利水平低、客户关系紧张等一系列现状问题，使得建筑业的数字化程度都明显落后于其他行业。因此，要借助先进的数字化技术，解决在数字化推进过程中遇到的问题。

建筑企业在开展数字化转型时，需要明确数字化转型应当达到的基本目的。在正确认知数字化转型、走出误区的基础上，必须要解决数据孤岛、有效连接协同、数据驱动等问题，重塑企业掌控力与拓展力，这是系统性数字化转型的基本目的。

建筑企业主要通过两种手段维持持续健康成长和增强发展韧性，其一是坚守核心业务、增强竞争力、稳步增长，主要体现为掌控力；其二是创新发展需求引领变革，主要体现为拓展力。通过项目企业一体化、设计施工一体化等重点场景应用，以系统性数字化将提升企业的掌控力与拓展力，构筑建筑企业在国内国际双循环新发展格局下的竞争新优势，助力企业实现规模化高质量发展。

4. 系统性数字化转型的关键内容

数字化转型的本质是通过数字化技术优化资源配置效率，提高企业核心竞争力。系统性数字化必须牢牢把握"数据、联接、算法"三大关键内容。系统性数字化建设需要将数据、联接、算法有机融合，发挥出整体效能。

　　从实现系统性数字化重塑企业掌控力和拓展力而言，数据是提升"两力"的源泉，是基础；联接是提升"两力"的通道，是关键；算法是提升"两力"的引擎，是核心。

　　数据是提升"两力"的源泉，是基础。作为新的生产要素，大量数据积累可以形成企业的数据资产。而数据的获取，最重要的就是准确、及时、全面。准确就是无人为修改、修饰和掩饰，通过先进的软件、硬件设施，可以实现自动化准确采集；及时就是无延时、无丢失、无地理限制，5G、物联网、云计算等新技术可以让数据在作业层、项目部、公司层实现零时差共享；全面是指数据要覆盖核心业务的资源要素、生产流程、管理活动。

　　联接是提升"两力"的通道，是关键。其最终目标是实现责权利清晰的、可靠的业务联接。在数字化转型的进程中，企业既要把握好数据联接"精细度"，又要做到责权利一致。联接无处不在，只有高效的联接才能让数据产生融合、运转更加高效。

　　算法是提升"两力"的引擎，是核心。"数据+算法"可以驱动工程项目精益管理，基于"数据+AI"的项目管理大脑，能实现智能调度与控制，提升项目精细化管理水平；"数据+算法"支撑企业经营决策，通过算法对海量数据的分析，可以形成经营参考，帮助企业更加科学合理决策和智能预警。

5. 建筑企业系统性数字化转型步骤

　　越来越多的建筑企业认识到了系统性数字化转型的重要性，可以按照以下步骤实施建筑企业数字化转型。

　　一是在构建一体化整体方案方面，建筑企业必须抓住真正的转型重点，建筑企业必须系统构筑覆盖"点—线—面—体"多维度的企业数字化转型一体化解决方案，扎实推动转型，才能收获果实。在"点"这一维度，重点运用计价计量软件、设计软件、智能硬件等工具实现岗位级的数字化；在"线"这一维度，要实现进度、成本、质量、安全等各条"线"的精细化管理；在"面"这一维度，重点实现项目级、分子公司级、集团级层面的责权利清晰区分；在此基础上，"点—线—面"叠加真正形成行业一个整体，进而实现建筑企业数字化转型一体化解决方案。

　　二是在具体落地执行方面，建筑企业要通过设计施工一体化、"BIM+智慧工地"一体化、项目企业一体化等推进系统性数字化建设，同时还要利用企业级PaaS平台，沉淀数字化核心能力，支撑各个一体化方案的落地。

　　设计施工一体化主要是利用数维设计平台、BIM MAKE、BIM 5D等数字化工具，打通工程项目全过程数据壁垒，推动设计、算量、施工数据融合，实现项目全生命周期价值最优，从而达到提升效率、降低成本、管控风险的要求。

"BIM+智慧工地"一体化的重点是实现工程项目精细化管理。聚焦项目技术、生产、商务核心管理业务，以基于BIM模型的三维虚拟建造为指导，以项目现场各岗位作业数字化为手段，实现虚实结合的现场施工过程精细化管控以及数字化集成交付，推动建造过程数字化、智能化升级。例如，广州知识城南方医院项目就通过"BIM+智慧工地"一体化实现了降本增效，该案例2020年入选《住房和城乡建设部智能建造新技术新产品创新服务典型案例（第一批）》。

项目企业一体化的核心工作是要实现企业整体管理效能的升级。项目企业一体化是企业管理实现集约化的关键，最直接的效果是项目部和企业层面的数据互联互通，横向打通企业各部门之间、企业与项目部之间的数据壁垒，创造数据协同价值。管理上项目企业一体，就是企业层与项目层联动，管理纵向到底，企业加强对项目部的过程监控。数据上项目企业一体，就是项目数据自动抓取，公司自动汇总数据，集团层BI智慧分析，从数据中挖掘更大的管理价值，用数据创造价值，积累企业的数据资产，为企业赋能。例如，上海宝冶项企一体化实践，推动了生产高效可控，科学智慧决策，实现"多快好省"的工程建设目标。

三是系统性数字化转型要有"理念+产品+方案+平台"作为支撑，才能真正实现建筑企业的转型升级和行业的高质量发展。

建筑企业数字化转型是一个循序渐进的过程，必须首先树立系统性的思维，制定系统性的战略，然后从实现岗位级工具数字化到各业务线精细管理的数字化，再到多层面应用场景数字化，"点—线—面—体"并行发力，最终实现企业的系统性数字化转型，增强企业掌控力、拓展力和核心竞争力，实现高质量发展。

此外，数字化转型不只是技术层面的事情，不是简单的新技术的创新应用，因为技术仅是工具和手段。数字化转型要从发展理念、组织方式、业务模式和经营手段等全方位转变，既是战略转型，又是系统工程，需要体系化推进。要从企业战略角度整体规划，分步分阶段闭环迭代实施。建筑企业要建立起从战略到执行的数字化转型落地闭环。

5.3.2　推进建筑企业数字化转型的创新实践

广联达科技股份有限公司是成立于1998年的上市公司，2022年底拥有1万名员工，80余家分子公司，6大研发中心，34万家企业客户，获得1 100余件软件著作权登记证书，400多项奖项。作为一家数字建筑平台服务商，广联达致力于为数字化转型持续提供数字化产品和服务，重塑企业掌控力与拓展力。广联达定位于数字化使能者，数字产品面向建设方、设计方、制造商、供应商、施工方、运营方等全产业链相关方，以及金融、高校、投资并购等领域，具备多种自主知识产权的核心技术，可以帮助企业建立项企一体化的"数据+流程"系统，为不同企业提供"平台+服务+合作"的新型服务模式，助力企业系统性推进数字化转型。近几年来，围绕系统性数字化转型推进建筑业高质量发展，广联达开展了以下三方面的创新实践。

1. 以数字化驱动管理上云，提升企业整体管理能力

基于云技术等新一代数字技术融合应用正在驱动建筑行业向智能化转型，管理上云已成为必然趋势。通常，一个工程完成至少需要几百家企业协同工作，这种协同工作不可能在一个企业内部完成，上云是最好的协作方式。管理上云不是简单地从线下转移到线上，而是利用数字化促进公司整体管理水平的提升。管理上云有助于打破"信息孤岛"，帮助企业大幅提升协作效率。一方面，管理上云打破空间、物理限制实现实时协同，企业内部交流协作更加便捷顺畅；另一方面，管理上云强化每个业务单元、每个组织的透明度，通过信息互通共享，让工作质量和工作进度一目了然，避免层层传递导致的信息衰减。

广联达专注打造的数字建筑平台，既是基于云端的产业互联网平台，也是"数字建筑"理念的生动实践，它贯穿设计、交易、施工、运维、监管的建筑产品全生命周期，集成人员、流程、数据、技术和业务系统，实现全过程、全要素、全参与方的数字化、在线化、智能化，推动以新设计、新建造、新运维为代表的产业转型升级。

2. 以数字化赋能供应链稳健发展，打造更加灵活高效的客户服务体系

近年来，全球产业链加速重构，改变着世界各国的经济运行体系。利用数字化的系统，实现管理统一、流程统一、数据统一，是企业维持产业链平稳的重要手段。广联达与产业链上下游各方建立了紧密的合作关系，同时将自身的软件产品与硬件厂商的硬件设备进行深度融合，从而整体提升建筑产品的品质，给客户带来了更加流畅的体验。广联达通过数字化平台积极赋能供应链协同发展，例如，在新型冠状病毒肺炎疫情期间，对于方舱医院紧急筹建面临的建材采购难的问题，借助广联达建材供应链体系和数字化平台，可帮助客户快速找到所需要的供应商，实现快速采购，确保工程项目如期保质保量完工。

2022年，广联达数字劳务管理系统入选2022年度数据要素典型应用场景优秀案例。广联达智慧工地管理系统通过建设行业科技成果评估。广联达"数字项目集成管理平台"入选工业和信息化部2022年新一代信息技术与制造业融合发展试点示范名单。广联达AI蜂鸟系统入选工业和信息化部国家人工智能创新应用先导区"智赋百景"案例。广联达数字建设方整体解决方案获得"中国大数据金沙奖——2022中国大数据·建设方企业数字化最佳解决方案"大奖。广联达城市信息模型（CIM）基础平台V1.0荣获"2022智慧城市先锋榜优秀软件奖"。

2023年1月20日，广联达道路BIM设计软件成功入选工业和信息化部《2022年工业软件优秀产品名单》，充分彰显了广联达"道路BIM设计软件"的自主性、先进性、实用性和可推广性。广联达"道路BIM设计软件"基于具有完整知识产权的广联达国产BIM设计建模平台，为路桥隧设计师全新打造，聚焦于路桥隧方案设计和施工图设计，符合国内设计习惯与规范标准的BIM一体化专业设计软件。软件包含道路、桥梁、隧道三个子系统（图5-4），各子系统之间无缝协同，数据完全互通，且具备高度协同性。该产品已经在18个省市、74家设计单位、92个生产性项目中得到全面应用验证，方案能够满足复杂路桥隧多专业一体的工程从方案到施工图的设计。广联达"道路BIM设计软件"研发遵循"国产化、BIM化、专业化、一体化、协同化"的建设思想进行设计，确保软件的高效性及开放性。该软件通过了国家一级科技查新，获得"项目具有新颖性"评价；通过了科学技术成果评价，达到了"国际先进"水平；并通过了中国信通院国产化评测，获国家级权威认可。

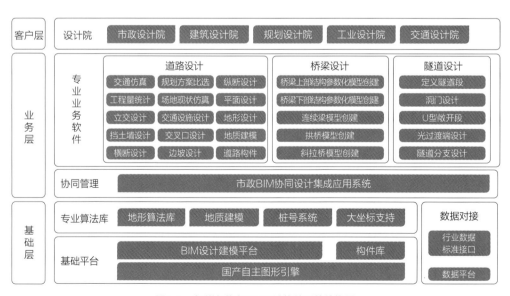

图5-4 广联达道路BIM设计软件系统结构图

3. 以数字技术推动绿色低碳转型，助力建筑行业可持续高质量发展

党的二十大报告提出，要协同推进降碳、减污、扩绿、增长，推进生态优先、节约集约、绿色低碳发展。在新时代建筑业践行绿色发展理念、减少碳排放、降低高能耗成为重大使命。作为"数字建筑"的首倡者和践行者，广联达近年来以科技赋能绿色建筑，借助于拥有自主知识产权的信息技术搭建建筑产业互联网平台，结合先进的精益建造理论，作用于工程建造的全过程、全要素、全参与方，力争实现减少50%二氧化碳排放的目标，引领未来建筑产品向绿色、智慧、宜居的方向发展。

近两年，在数字建筑和数字化转型落地实践方面，广联达智慧建筑产品研发及产业化基地（西安大厦）作为自建自营项目，已实现了绿色设计、绿色管理、绿色施工；广联达重庆广阳岛智慧生态一体化建设项目，打造低碳示范，实现生态治理的可视化、可量化、可优化；同时积极参与推动雄安新区建材标准落地，为地区绿色化发展提供标准参考。

当前，数字化转型已经成为各行各业的普遍共识，但分割的、碎片化的数字化建设与企业未来全面数字化转型需求之间的矛盾日益凸显，真正取得实质性突破、实现跨越式发展依然任重道远。系统性数字化是破局关键和发展趋势。未来的建筑产业新生态是产业链的头部企业与数字化使能者的协同共生、融合发展。

第6章

数字建筑多元化整体解决方案

6.1 数维建筑设计解决方案

6.1.1 关于数维设计产品集

基于数字建筑理念，立足于一体数字设计，打造全数字化样品，构建中国设计互联网平台和生态，为行业提供全专业、全过程、全参与方的高效数字化设计整体解决方案，助力设计企业工业化转型升级。

广联达数维设计产品集是一款以自主知识产权图形平台为基础，基于统一的数据标准，立足全专业、全过程的数字化设计软件，其以设计数据来驱动设计场景的实现，从而构建设计互联网平台与生态，推进设计成果数字化交付审查的同时，促进国产BIM设计软件普及，继而提高整个行业的数字化水平。

广联达数维设计产品集是一个国产自主可控的BIM软件体系，包括建筑、结构、机电以及道路等多个模块以及协同平台。在岗位级，这些软件可通过二维、三维平滑连接，推动BIM的正向设计，让岗位作业方式改变，极大提升行业生产效率。在项目级，可通过实时、透明、精准的构件级协同，将设计业务与项目管理的数据融合，让项目协同管理模式实现全面升级，显著改善设计项目协同效果。在企业级，其可通过可视化、标准化，将业务最佳实践沉淀为软件功能，提升专业设计能力，通过设计施工算量一体化，赋能设计、工程总承包与全过程咨询业务，扩展企业业务能力，最终达到提高企业效益的目标。

广联达数维设计产品集具备六大产品优势：云+端的精准协同、多层开放的平台、统一的数据标准、智能化的设计工具、模块化的设计方式以及构件级的数据驱动，这些特质可以在实现设计数据在全生命周期的一体化应用的同时，实现数据的高效流转与复用，降低设计成本，提升设计效率，为生态伙伴提供完善、稳定的基础开发环境。

6.1.2　数维建筑设计产品集应用价值

广联达数维建筑设计产品集，作为一款面向建筑设计师的新一代建筑施工图设计软件，具备从三维设计建模、跨专业协同到快速出图的全阶段能力。以自主图形平台为基础，以参数化驱动为核心，支持云端构件库和公有云/私有云部署，大幅降低三维设计学习成本，更符合国内建筑设计师习惯。

此外，其出色的数据融合能力可以将设计业务与项目管理的数据融合，通过设计施工算量一体化来赋能设计、工程总承包与全过程咨询业务，而通过可视化、标准化的设计流程，则可将最佳的使用体验沉淀为软件功能，从而提升专业设计能力。另一方面，依据国内设计习惯和标准构件类别的分类特点所打造功能和交互流程，大大提升了设计效率，让设计更简便高效。

未来，广联达设计将研发运营拥有自主核心技术的云平台及基于云平台的BIM技术，从而实现产业链利益相关方在云平台实时协同，数字设计跨地域设计交互，实时精准的构件级协同，立体完整的BIM数据，让设计算量一体化和设计施工一体化成为可能。在更远的未来，还希望能够构建一个数字化生态体系，从而与产业相关方共建科技的、人文的、绿色的建筑产业。

6.1.3　数维建筑设计产品描述

1. 建筑设计

广联达数维建筑设计是一款面向建筑设计师的新一代建筑施工图设计软件，遵循国内设计规范，具备从三维建模到快速出图的全阶段能力。以数字智能，赋予建筑设计新生命。

设计软件以自主图形平台为基础，以参数化驱动为核心，融合二、三维设计优势，大幅降低使用门槛，更符合本地化设计习惯。

该设计软件能够充分发挥二、三维优势，设计价值最大化，聚焦服务国内建筑设计师，延续设计逻辑和习惯，着重提高设计效率，使设计师回归设计创造。

2. 结构设计

广联达数维结构设计是以数据融合和协同为核心，以结构设计场景为基础，通过数据融合互通，提升结构设计效能。

该产品是为结构设计师打造的三维结构设计软件。打通分析—设计—施工出图业务闭环，设计模型根据分析模型增量更新，施工图基于计算分析数据，自动校审。

3. 机电设计

广联达数维机电设计是一款面向机电设计师的三维正向设计软件，以专业智能，数据驱动机电设计新体验，提供以规范和标准赋能机电设计的一体化解决方案。

该设计软件能够多端协同管理机电项目配置，计算结果驱动设计模型，批量布置、标准连接及自动标注出图。

4. 道路设计

广联达数维道路设计是基于广联达国产BIM图形平台和参数化建模技术，为道路设计师或BIM工程师全新打造的聚焦于道路从方案到施工图设计的符合国内设计习惯与规范标准的BIM专业化设计软件。从学到用，2小时拥有道路设计BIM模型，实现专业化设计、BIM化设计、一体化协同。

5. 协同设计平台

广联达数维协同设计平台以构件级设计数据为核心，提供全专业、全过程、全参与方的协同设计解决方案。以联接形成设计生态，让设计更有价值。实现云+端数据服务，实时问题追踪，开放的平台应用生态。

6. 构件坞

广联达构件坞是为广联达数维设计产品集量身定制的数字设计资源平台，提供构件级项目协同解决方案，将设计中所需的高质量构件深度内嵌设计软件，提高项目构件协同管理效率，发挥构件数据价值，为数字化高效设计提供支撑。构件坞将逐步覆盖设计全过程所需的标准化通用构件，实现"一站式"构件资源管理，可视化快捷编辑，所见即所得。以数字构件，构建未来。

6.2　BIM 5D解决方案

6.2.1　方案价值

广联达推出的BIM 5D可集成国内外主流建模软件模型，以BIM模型为载体，集成施工过程中技术、质量、安全、生产、商务等多部门业务信息，以统一的平台实现模型数据和业务信息的协同和共享，从而打破项目各部门的信息孤岛，提升信息交互的准确性和高效性（图6-1）。通过实现业务过程管理的数字化和在线化，以数据辅助项目决策，从而驱动项目施工精细化管理升级，最终达到项目降本增效的目的；同时各业务模块之间可分可合可连接，保障了落地应用过程的专业性和灵活性。

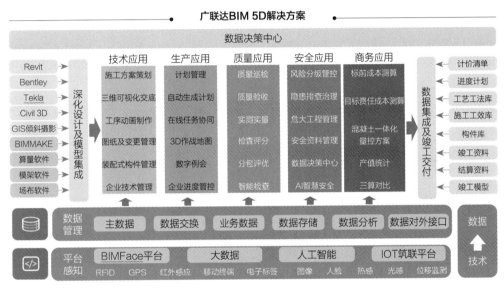

图6-1　广联达BIM 5D解决方案架构图

在管理理念上，针对每一岗位、每一工序、每一构件，按照PDCA闭环，实行精细化管理。如图6-2所示。

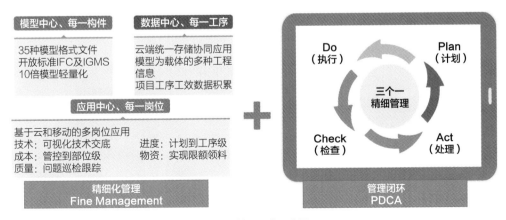

图6-2　管理理念示意图

6.2.2 方案特点

BIM 5D解决方案的特点在于应用的轻量化、专业化和协同化。

1. 轻量化

（1）模型轻量化访问。支持30多种模型格式文件，网页、手机快速浏览，无需安装插件。

（2）数据上云，实时查看。数据快速查看，精准快速查找所需信息。

（3）手机端APP，数据轻松随手采集。

2. 专业化

功能应用场景化，全过程、全要素积累业务数据。如图6-3所示。

图6-3 数据采集分布示意图

3. 协同化

多业务管理协同，科学高效决策。如图6-4所示。

6.2.3 应用场景

广联达BIM 5D聚焦项目技术、生产、商务核心管理业务，以基于BIM模型的三维虚拟建造为指导，以项目现场各岗位作业数字化为手段，实现虚实结合的项目现场过程精

图6-4 业务协同示意图

细化管控以及数字化集成交付。如图6-5所示。

图6-5　应用场景示意图

1. BIM 5D技术管理系统

广联达BIM+技术管理系统，是以"管理升级、技术先行"为理念，是集方案管理、变更管理及BIM应用为一体的施工技术策划和执行管理系统。产品通过对现场技术管理来提升施工的技术水平，减少技术问题导致的返工及各种技术风险，从而达到降本增效，提升企业与项目收益。如图6-6所示。

图6-6　BIM 5D技术管理系统示意图

2. BIM 5D生产管理系统

BIM生产管理系统由企业端和项目端构成，企业端主要服务于集团公司或子分公司的项目管理部进行多项目的进度管理、偏差分析。项目端是满足项目计划协同管理及生产要素管理。如图6-7所示。

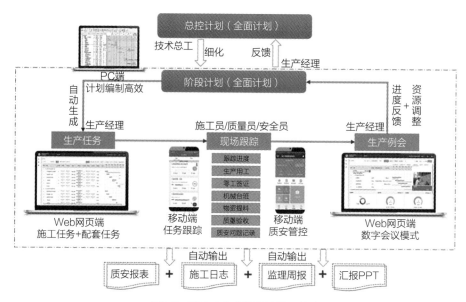

图6-7　BIM 5D生产管理系统示意图

3. BIM 5D安全管理系统

广联达安全管理系统通过云、大、物、移、智等先进技术，为企业构建三防一联动（人防、技防、智防+项企联动）安全管理体系，实现安全管理过程可追溯、结果可分析，不让风险转化成隐患，不让隐患转化成事故。如图6-8所示。

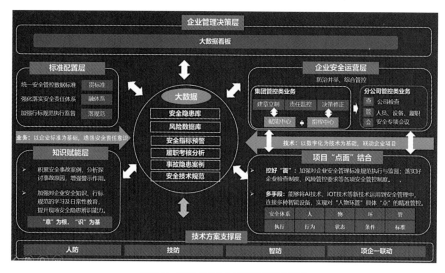

图6-8　BIM 5D安全管理系统示意图

4. BIM 5D成本管理系统

广联达数字项目成本管理系统，以施工总承包的成本业务为核心，结合BIM模型与生产进度，以目标责任成本为切入点，从源头和过程把控风险，积累项目数据，完善企业成本数据库。如图6-9所示。

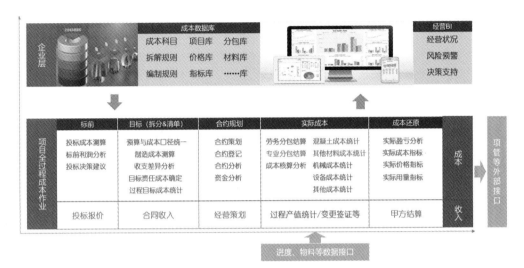

图6-9　BIM 5D成本管理系统示意图

6.3　数字项目管理整体解决方案

数字经济时代下，建筑产业的转型升级迫在眉睫，面对规模增速放缓、建筑施工用工难、工程质量要求高、企业生存难度增大等一系列发展困境。通过数字技术的融合实现流程改造，才能打破困局。为此，广联达自主研发的"数字项目管理整体解决方案"，包含"一个平台+N个应用"。

6.3.1　平台级一站式服务

"一个平台"指的是数字项目管理平台，它包含技术中台、数据中台和业务中台，是驱动施工企业数字化转型的核心引擎。该平台建立在四大关键技术之上，分别为物联网、BIM、大数据和AI。在物联网方面，广联达自行研制的物联网平台——筑联平台可以接入施工现场上百款主流硬件设备。在BIM技术方面，是指基于广联达自主研发的图形平台而建立的IGMS、BIM 5D、BIMFACE等、模型关联成本和进度以及基于BIM模型二次开发等各种BIM应用技术。在大数据方面，项目数据中心提供项目层的全量数据，并提供数字资产管理，数据服务管理，以及数据智能处理能力。在AI方面，广联达AI平台联合华为的AI技术，能够从现场图片、影像中提取信息并进行分析应用。

6.3.2 多元化应用场景

N个应用是一套开放给客户和生态伙伴的应用系统，它兼容应用、开箱即用，包含了BIM建造、生产管理、劳务管理、安全管理、质量管理、物料管理、商务管理等覆盖人、机、料、法、环全要素的业务管理场景。平台和应用模块之间可分可合，也可连接第三方应用的软硬件。

作为数字建筑理念的落地方案，广联达数字项目管理整体解决方案能够帮助施工企业、建设方等企业实现业务的整体贯通。可简单概括为三个一体化，即项目与企业一体化、BIM+智慧工地一体化以及业务与财务一体化，从三个方面实现业务互通、数据互通。例如，在项目建造期间，这一整体解决方案能够帮助施工方以BIM技术为基础，实现进度、质量、安全、成本等全要素的数字建造，并通过"BIM+智慧工地"与现场管理的全面结合，打造出创新的管理模式。

此外，除了对客户和施工企业的赋能，这一整体解决方案还能够为基于二次开发的生态合作伙伴提供增值服务，带来三大生态赋能。一是技术赋能，与合作伙伴共享四大数字化技术，共建生态化解决方案；二是营销赋能，广联达成熟的营销渠道和行业资源，助力合作伙伴规模化推广；三是资金赋能，新金融+产业创投基金，推动互联网+建筑领域创新性发展。

6.3.3 方案描述

1. BIM+技术管理系统

1）应用价值

广联达基于BIM的技术管理系统具有以下应用价值：

（1）提升现场人员工作及沟通效率；

（2）技术要求执行到位，达成管理目标；

（3）策划先行，辅助项目降本增效；

（4）BIM助力项目层与企业层联动，积累技术知识库。

2）应用场景

广联达基于BIM的技术管理系统主要有以下应用场景：

（1）施工组织设计方案策划

①业务现状：

· 施工组织设计策划不合理，导致工效下降

- 进度安排不合理，导致进度存在风险
- 传统文字表达不直观

②解决方案：

- 三维模型与现场计划、成本挂接
- 按照时间展示现场进度、材料、成本等信息

③价值：

- 人、材、机数据随着进度呈现，辅助施工组织设计优化
- 5D可视化模拟，方案汇报动态直观，提高中标率，辅助评优报奖

（2）技术交底

①业务现状：

- 交底抽象，内容难理解
- 文件难查找，传达不到位
- 交底效果难保障，不易考核

②解决方案：

- 三维可视化交底：节点模型挂接交底资料，微信二维码分享、手机端随时查看
- 交底管理：在线签字考核，后台统计分析

③价值：

- 确保交底内容传达到位，提升交底效果，减少施工错误
- 推动交底要求执行到位，易于考核，提高管理效率

（3）工序交底动画制作

①业务现状：

- 动画软件专业难入门，学习成本高
- 自己制作动画费时又费力
- 外包成本高，性价比太低

②解决方案：

- 结合施工业务，内置动画快捷制作功能
- 组装动画制作，一键生成动画

③价值：

- 自己动手，零额外费用
- 软件简单，2小时学会

- 制作快捷，4小时完成一个动画

（4）图纸变更管理

①业务现状：

- 图纸版本多，管理混乱
- 变更执行遗漏，易造成返工
- 签证洽商结算缺少过程支撑材料

②解决方案：

- 在线图纸管理，手机便捷查看
- 变更与图纸自动关联，随进度推送
- 变更执行跟踪，照片留痕

③价值：

- 变更与图纸协同查看，提升效率30%
- 保证现场变更执行到位，减少返工
- 保障结算资料完整，避免结算损失

（5）装配式构件管理

①业务现状

- 关键工序控制漏项，质量难把控
- 施工进展呈现不直观，产值统计不及时
- 构件生产阶段与施工阶段不协调，影响进度

②解决方案

- 自定义构件工序流程及管控点，扫码记录
- 构件工序状态按不同颜色三维展示
- 报表自定义设计，一键输出

③价值：

- 实现构件工序级精细化管理，提升工序质量
- 结合BIM模型呈现，构件施工状态一目了然
- 资料高效输出，提高岗位工作效率

（6）企业技术管理

①业务现状：

- 方案编制及审批效率低，耽误施工进度
- 方案编制遗漏，监管不到位

- 管理粗放，技术成果难积累

②解决方案：

- 方案模板库及在线并行审批

- 多项目方案监控看板

- 科研成果管理及技术资料积累

③价值：

- 提升编制、审批效率，降低进度延误风险

- 减少方案遗漏，提高监管水平

- 推动企业数字化转型

2. BIM+生产管理系统

1）应用价值

广联达基于BIM的生产管理系统具有以下应用价值：

（1）精细化管控：任务细分，责任明确；

（2）管理可视化：随时随地掌握生产动态，高效决策；

（3）岗位增效：工作协同，资料输出，实现业务替代；

（4）风险可控：远程在线掌控项目生产状态。

2）应用场景

广联达基于BIM的生产管理系统主要有以下应用场景：

（1）计划管理

①业务现状：

- 缺少计划管理体系

- 计划编制质量不高

- 实际时间难以反馈

②解决方案：

- 用斑马计划工具编制总计划，逻辑清晰、考虑全面

- 末端任务采用生产系统分发，责任到人，快速反馈

③价值：

- 各级计划联动

- 高精度的施工计划

- 实时掌控进度偏差

（2）自动生成计划

①业务现状：

- 工程量计算难度大

- 不易考虑班组流转

- 工期调整费力

②解决方案：

- 三个步骤生成计划：工程量提取→工艺选项→劳动力配置

- 快速生成小时级计划，支持动态优化

③价值：

- 快速获取精确的工程量

- 依据工效，精准计算工期

- 计划动态调整，指导性强

（3）在线任务协同

①业务现状：

- 任务分工不明确，责任不清晰

- 部门配合有障碍，容易耽误工作

- 执行状态不清晰，难以实时反馈

②解决方案：

- Web端生产任务分发到个人APP

- 任务状态实时更新

- 驱动管理协同

③价值：

- 个人任务清晰明确

- 动态信息快速了解

- 协同效率提升3倍

（4）3D作战地图

①业务现状：

- 生产动态描述不准确

- 现场进度体现不直观

- 多专业工序穿插难调配

②解决方案：

- 三维模型随生产任务相应联动
- 工作完成部分实体呈现，未完部分虚框显示
- 作业面进度、劳动力直观呈现

③价值：

- 实时共享作业面信息
- 现场进度清晰可见
- 灵活调配多专业工序穿插

（5）数字例会

①业务现状：

- 信息不共享，交流存在障碍
- 过程无记录，结果难量化
- 数据不准确，决策有偏差

②解决方案：

- 生产信息投屏共享
- 进度、质量、安全数据汇总分析
- 追溯偏差制定措施，辅助高效会议

③价值：

- 无须会前准备，结果直观呈现
- 有效沟通，避免冲突
- 节约1/3会议时间

（6）企业进度管理

①业务现状：

- 计划上报不及时，以查代管不全面
- 风险难预防，管理标准难落地

②解决方案：

- 企业平台实时同步项目数据
- 汇总分析、触发工期预警
- 提供项目计划模板，工序标准赋能

③价值：

- 全面呈现项目状态，数据真实

- 主动管控，标准赋能，风险预警
- 节约管理费用

3. BIM+安全生产管理系统

1）应用价值

广联达基于BIM的安全生产管理系统具有以下应用价值：

（1）一次录入，多次使用，提高办公效率；

（2）自动生成安全管理数据分析结果，为决策提供支持；

（3）形成新的安全管理岗位职责、管理制度、考核机制，改进安全管理系统；

（4）逐步培养高素质的安全管理队伍。

2）应用场景

广联达基于BIM的质量管理系统主要有以下应用场景：

（1）风险分级管控

①业务现状：

- 不易整理风险清单库
- 流程多，管控难，内业负担重
- 不清楚重大风险源分布

②解决方案：

- 内置各专业的2000+条风险库
- 标准的风险分级管控流程
- 实时、全面掌控企业风险分布

③价值：

- 风险预控、关口前移
- 预防为主、综合治理
- 不让风险因素转化为隐患

（2）隐患排查治理

①业务现状

- 整改过程缺乏监管
- 信息流转慢，反馈不及时
- 记录查找困难，难以汇总分析

②解决方案：

- 全流程实时流转至责任人

- 记录留存、管理有痕
- 自动生成各种单据、台账

③价值：

- 自动流转、工作落实
- 闭环管理、过程留痕
- 不让隐患转化为事故

（3）危险性较大工程管理

①业务现状：

- 管控重点不统一
- 无法实时动态监控
- 过程难管理，记录难留存整理

②解决方案：

- 提供完善的管控任务库
- 危大工程管控情况随时掌握
- 自动生成资料、台账

③价值：

- 快速识别、标准管控
- 一目了然，随时掌握
- 任务清晰、管理到位

（4）安全资料管理

①业务现状：

- 规范不齐全，查阅不方便
- 费时、费力，容易遗忘和丢失
- 资料分类过多，工作重复

②解决方案：

- 内置规范，方便查阅
- 手机快速形成资料，一键打印
- 内部资料分类存档，随时查看

③价值：

- 辅助工作、能力提升
- 一键生成、快速记录

- 自动表单、提高效率

（5）数据决策中心

①业务现状：

- 考核无数据支撑

- 缺少直观的人员履职信息

- 安全生产情况难以确定

②解决方案：

- 统计分析，提供数据支撑

- 快速掌握履职情况

- 掌握安全实时情况，自动分析

③价值：

- 考核依据、工作展示

- 安全监管、随时掌握

- 数据分析、决策支撑

（6）AI智慧安全管理

①业务现状：

- 人工识别异常事件难度大

- 易错过最佳防范或抢险时间

- 事后取证十分困难

②解决方案：

- 全天候动态监管，及时反馈

- 动静结合，替代部分人工检查

- 问题截图，存证取证更方便

③价值：

- AI识别、行业引领

- 图像识别、省时省力

4．BIM+质量管理系统

1）应用价值

广联达基于BIM的质量管理系统具有以下应用价值：

（1）自上而下标准要求，自下而上积累数据；

（2）通过管理规范化、标准化，提高现场质量管理工作效率；

（3）基于大数据智能分析，帮助企业管理层快速高效决策，降低经营成本。

2）应用场景

广联达基于BIM的质量管理系统主要有以下应用场景：

（1）质量巡检

①业务现状：

- 问题描述不清晰，导致整改不到位

- 问题多，跟踪不及时、易遗忘

- 汇报工作量大，管理层不能及时了解项目情况

②解决方案：

- 从问题库提取问题，描述更全面

- 质量问题留痕，过程及时提醒

- 自动汇总分析，管理驾驶舱可随时查看

③价值：

- 描述更准确，保证信息传递到位

- 问题在线跟踪，实时提醒，问题不遗漏

- 随时了解质量情况，信息不延迟

（2）质量验收

①业务现状：

- 经验不足，验收不严谨，看不出问题

- 验收资料易遗漏，不及时，关键工序漏检，影响项目考评

- 流程不规范，未自检或总包未检查报验

②解决方案：

- 内置分包自检流程，在线发起

- 关联生产进度计划，推动验收提醒

- 验收完成自动形成验收台账资料

③价值：

- 关联进度，必检工序零遗漏

- 固化流程，验收更规范

- 随时了解项目情况，验收更省心

（3）质量实测

①业务现状：

- 图纸打印、准备工作繁琐
- 测量工作量大，问题多，易遗漏
- 事后汇总统计量大，无法及时反映整体情况

②解决方案：

- 系统内置图纸，测量定位
- 对接硬件，数据自动传输，在线跟踪问题整改
- 数据自动汇总，多维度分析

③价值：

- 测量硬件辅助，提升测量效率
- 在线跟踪问题，整改零遗漏
- 数据自动汇总排名，管理更轻松

（4）检查评分

①业务现状：

- 白天检查，晚上记录，评分汇总统计工作量大
- 发现问题无法有效跟踪整改

②解决方案：

- 在线评分，自动汇总并排序
- 扣分项自动生成质量问题整改单

③价值：

- 检查发现问题责任到人，整改零遗漏
- 评分自动汇总排名，提升效率

（5）质量评优

①业务现状：

- 正向激励分包
- 助力质量部门开展工作

②解决方案：

- 在线评优，随时记录优秀个人和分包单位
- 多维度统计，满足项目多种分析需求

③价值：

- 记录优秀分包，激励分包提升施工质量

- 评优数据多维度分析，掌握分包质量

（6）质量考核评价

①业务现状：

- 现场质量数据无法全面呈现

- 无法及时了解各项目质量情况

- 项目评价、员工考核缺乏数据支撑

②解决方案：

- 实时汇总项目数据，多维度数据展示

- 管理驾驶舱，数据自动汇总分析，考核依据

- 项目看板，掌握项目情况，准备汇报资料

③价值：

- 数据及时汇总，实时掌握项目质量情况

- 数据作为项目、员工考核依据

- 项目看板，为汇报提供数据支撑

5. BIM+商务管理系统

1）应用价值

广联达基于BIM的商务管理系统的应用价值体现以下几方面：

（1）从源头和过程把控成本风险，让管理更高效，让费用更节省；

（2）通过全面分析项目盈亏点和商务策划，提前制定增收止损方案；

（3）通过限额领料与节超分析，确保物资可控，盈亏清楚、问题可追溯。

2）应用场景

广联达基于BIM的商务管理系统主要有以下应用场景：

（1）标前成本测算

①业务现状：

- 时间紧、任务重，经验依赖度高

- 测算精度不够，不清晰最大让利的可行幅度

- 识别盈亏点难，投标风险大

②解决方案：

- 辅助快速准确测算项目标前成本
- 自动准确识别项目盈亏点
- 自动生成单方费用/耗量指标，辅助风险识别

③价值：

- 同样精细度要求，时间或节约1/2
- 清晰最大让利可行区间，降低投标风险
- 识别盈亏点，制定增收止损策略

（2）目标责任成本测算

①业务现状：

- 项目部与企业层不一致，共识难度高
- 预算与成本口径不一致，统一归口难
- 难以全面识别盈亏点，管控风险大

②解决方案：

- 规范测算过程，结果有据可依
- 内置预算分解规则，智能转化口径
- 自动生成收入成本对比表

③价值：

- 群体工程投标人员投入减少1/2，效率提升2~3倍
- 项目报价组成和利润空间清晰，合理确定目标成本
- 全面识别盈亏点，降低管控风险

（3）混凝土一体化量控方案

①业务现状：

- 混凝土超方亏方时有发生
- 施工员/工长计算混凝土用量难度高
- 混凝土节超分析工作量大，问题难追溯

②解决方案：

- 基于算量模型，自动生成混凝土计划表
- 生产商务联动，实现混凝土用量动态管控
- 自动生成节超分析，问题可追溯到区域

③价值：

- 30秒算出混凝土精准需求计划

- 方便管控，风险自动预警

- 问题可追溯，趋势可分析

（4）产值统计

①业务现状：

- 难以准确获取现场进度信息

- 进度算量和产值统计工作量大

- 收入与成本口径不一致，以收定支难

②解决方案：

- 生产商务联动，一键获取项目进度信息

- 进度、模型、清单联动，快速准确统计产值

- 合同预算到成本口径智能转化

③价值：

- 效率提升5倍以上

- 基于进度模型，统计客观、准确

（5）三算对比

①业务现状：

- 汇总分析工作量大，经验要求高

- 发现问题追溯难

- 报表可读性差，不直观

②解决方案：

- 自动分析，自动预警，管控省心

- 图文并茂，形象直观

- 数据联动，轻松快捷

③价值：

- 不同维度自动分析，提效10倍以上

- 风险自动预警，便于管理

- 盈亏状况清晰可见，问题可追溯

6.4 BIM 5D+智慧工地解决方案

6.4.1 BIM 5D 4.0升级版

BIM 5D 4.0升级版整合BIM+硬件+数据三大集成，升级至模块化，真正把项目管理精细到每一个构件、每一道工序、每一个岗位、每一项任务，实现轻量化、专业化、协同化三化应用，实现精细化管理。

在轻量化方面，BIM 5D 4.0将应用便捷性大幅提升。通过升级轻量化模型引擎，BIM 5D模块化版实现了手机、网页随时访问查询，同时实现浏览速度大幅提升。产品可集成土建、机电、钢构、装修等各专业BIM模型，兼容Revit、Tekla、SketchUp、MagiCAD等30余种格式，最大支持8G revit原文件、建筑面积40万平方米的全专业模型，支持20万个构件数。

在专业化方面，BIM 5D V4.0形成了包括技术管理、生产进度、质量管理、安全管理、成本管理五大功能模块，30多个实际应用场景的专业数字化管理。五大模块基于统一平台，应用上可分可合可连接，为项目积累全过程、全要素的业务数据。

在协同化方面，BIM 5D以项目的统一模型为载体，通过桌面端、网页端、移动端和云端的实时数据交互，打通各业务板块的数据，让各业务板块的数据在解构后能够重构，实现多业务间系统化的协同管理，实现及时预警风险，支持管理层高效决策。同时，BIM 5D可打通项目和企业的数据鸿沟，实现项目企业数据一体化。

目前，广联达BIM 5D已拥有2 000余个工程案例的实践验证，用户覆盖全国70%特级施工企业，800余家一级施工企业。这一产品不仅积累了庞大的案例库和标杆项目参观基地，合作BIM项目也荣获了国内外的百余项奖项。此次重磅发布的BIM 5D V4.0模块化版，将更好地赋能庞大用户群，为工程项目实现精细化管理提供强大支持平台，进一步提升项目品质、提高管理效率、加快实施速度，并为企业实现集约化经营打下坚实的基础。

广联达作为创新驱动、技术密集型的科技公司，始终立足建筑产业，围绕建设工程项目的全生命周期，提供建设工程领域核心专业应用软件服务、信息化解决方案，以及产业大数据、产业新金融等增值服务。未来，基于"端+云+大数据"产品/服务，广联达还将不断推出更多整合前沿科技和行业应用价值的重磅产品，成为产业大数据、产业新金融等增值服务的数字建筑平台服务商。

6.4.2 智慧工地解决方案

智慧工地解决方案是智能建造在施工现场的表现形式。智慧工地以进度为主线，成本为核心，利用物联网、BIM、大数据、AI等核心技术，集成项目软、硬件系统，实时汇总数据，实现建筑实体、生产要素、管理过程的全面数字化，为项目提供生产提效、管理有序、成本节约、风险可控的项目数字化解决方案。

1. 方案功能

智慧工地能实现施工项目全面数字化，推进施工现场管理逐步迈向工业级精细化管理。

（1）施工现场，实时感知，一站链接，百家设备，数据中心。

（2）围绕业务，精细管理，生产可观，业务集成，管理中心。

（3）智能决策，全面掌控，数据为基，算法支撑，决策中心。

2. 方案特点

（1）系统性：项目企业一体化、业务财务一体化、设计施工一体化、建设施工一体化、软件硬件一体化，同时，平台+模块，可分可合，拓展性强。

（2）先进性：自主研发BIM技术、自主研发物联网技术、自主研发AI技术、自主研发大数据技术，联合5G技术。

（3）专业性：参编国家及地方标准、企业及项目BIM标准、相关课题研究、相关政策研究、相关专著和报告。

（4）实用性：贴合项目常态化管理工作，提高对项目现场进度管控，全方位、全过程、全生命周期的精细管理，实现现场管理智能化、信息化、智慧化。

（5）售后完善性：成熟落地的实施方法，覆盖全国的服务体系。

3. 应用场景

（1）全方位让管理更全面：集成平台，统一入口，整体呈现项目进度、工程质量、安全生产、机械等相关信息。

（2）物联网让项目更可控：通过物联网技术，接入现场50余类硬件设备，实时监测，及时预警。

（3）BIM+让施工更合理：在线查看BIM模型，虚实对比，了解实时信息，构件跟踪，可视化交底。

（4）大数据让决策更高效：真实数据采集，消除数据孤岛，数据库综合分析，提供决策数据。

（5）AI让现场更安全：AI智能视频，自动检测隐患及人员违规，及时报警并保存资料。

（6）APP让管控更及时：随时随地了解项目即时数据以及隐患预警，及时进行现场生产指挥调度。

（7）数字周报让工作更轻松：根据平台存储的软硬件数据，自动生成周报，减轻一线人员工作量。

（8）品控优选让设备更可靠：严格的品控体系，从认证、生产、服务等多维度保证硬件品质。

6.5 数字造价管理解决方案

6.5.1 数字造价管理的内涵和定位

1. 数字造价管理的内涵

"数字造价管理"是指利用BIM、云计算、大数据、物联网、移动互联网、人工智能、区块链等数字技术引领工程造价管理转型升级的发展过程。基于全面造价管理的理论与方法，集成工程建设领域人员、流程、数据、技术和业务系统，实现工程造价管理的全过程、全要素、全参与方的结构化、在线化、智能化，构建项目、企业和行业的平台生态圈，从而建立以新计价、新管理、新服务为代表的理想工作场景，推动工程造价专业领域转型升级，实现让每一个工程项目综合价值更优的目标。

2. 数字造价管理的定位

1）数字造价管理是工程造价专业数字化的基础设施

在DT（Date technology）时代，信息（数据）成为新的、独立的生产要素，将推动工程造价专业转型升级。行业已普遍认为工程造价数据是企业的宝贵财富，但由于企业的工程造价数据结构化程度低，采集分析难度大，复用和他用的程度低，数据无法发挥效益。而且单个企业的工程造价数据量不大，不足以支撑工程造价大数据分析。只有通过搭建数字造价管理平台，实现造价数据采集实时化、内容结构化、表达可视化、调整动态化，并推动数据共享，形成工程造价专业大数据库，凝聚转型升级的新动力。

数字造价管理平台是由全过程造价管理、行业大数据、监管与诚信发布三部分组成。平台以项目为单位，以全过程造价管理为主线，在管理过程中积累各要素、

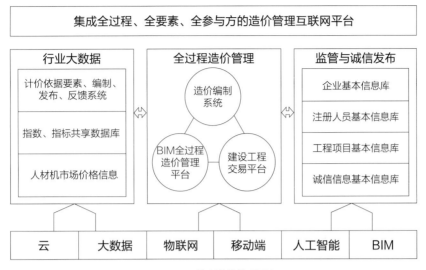

图6-10　数字造价管理平台

各参与方数据，并传输到行业大数据子平台、监管与诚信发布子平台，形成行业大数据和行业诚信库，应用到造价管理全过程管理平台，指导造价管理过程。如图6-10所示。

2）数字造价管理是"三全"升级的发展战略

数字造价管理不仅是信息技术和系统，更是与工程造价这一管理要素在生产过程深度融合产生新的生产力，它必将驱动工程造价管理的全过程、全要素、全参与方的升级。

工程造价管理过程将由以往割裂的阶段管理升级到建设全过程，以致全寿命周期的无缝管理，工程造价管理要素将由以往单纯的量、价、费等组成单一要素升级到包含工期、质量、安全、环保等全要素的综合管理。工程造价管理的参与方的关系将由相互间的简单博弈升级到多方协同，共享、共建与共赢。如图6-11所示。

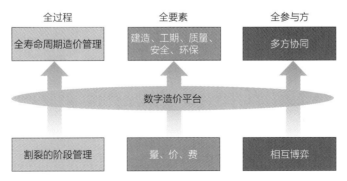

图6-11　数字造价管理与"三全"升级发展关系图

3）数字造价管理是开放、共享的生态系统

数字造价管理将打通工程造价管理全过程，聚集工程造价管理的全参与方，融合工程造价管理全要素，通过价值链串联工程造价业务流程和各参与主体，建立开放、共享的数字化生态系统，各主体可根据自身优势在生态系统中找准自己的定位，通过个性化服务参与到价值链中，不断寻求新的目标市场。如图6-12所示。

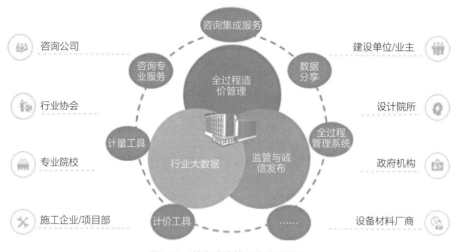

图6-12　数字造价管理生态系统图

6.5.2　数字造价管理的主要特征

"数字造价管理"通过数据驱动推动行业变革，结构化、在线化、智能化是"数字造价管理"的三大典型特征。其中结构化是基础，通过对造价管理过程及成果进行结构化描述，保证工程造价管理过程中数据的有效性。在线化是关键，通过实时在线实现数据分享、数据成果应用、优势互补。智能化是目标，通过数据分析、数据应用实现智能计价、快速决策。

在"数字造价管理"时代下，工程造价专业人员在各种智能终端的协助下，可随时随地开展工作，并让工作变得智能高效，从而产生"新计价""新管理""新服务"的三新理想场景。这也是"数字造价管理"的目标，推动行业变革与创新发展，使全面造价管理工作有效落地，让每一个工程项目综合价值更优。

1. 结构化是基础

结构化是指通过建立数据交换，项目特征描述等业务标准，实现造价过程及造价成果可采集、可分析，为数据采集提供基础条件。工程项目具有独特性，工程造价与工程项目特征信息、项目要素信息有密切的关系，特征信息、要素信息不同，其造价也不同。为了完整表达造价信息内容，除了造价数据外，还需要通过结构化方式准确描述项目特征信息及要素信息。另外要通过共享形成工程造价专业大数据库，需要通过结构化方式定义数据交换标准，统一造价成果文件格式，实现数据互联互通。

要实现结构化，需要建立以BIM应用为核心的工程造价业务标准，包括工程分类标准、工料机分类及编码标准、工程特征分类、分解与描述标准，BIM数据模型标准、BIM过程交付标准等。通过业务标准对BIM模型、工程造价过程及造价成果数据进行结构化约定，可以大大提高造价数据的可用性，为数据采集、数据分析及智能化应用提供业务基础，有效推动工程造价专业大数据快速发展。

2. 在线化是关键

大数据技术要求数据量大、数据维度多、数据完备，只有各参与方通过在线化方式进行数据共享，才能积累形成有效的行业大数据库。工程造价相关数据包括BIM模型、交易数据、项目现场数据，这三类数据场景不同、内容不同、形式不同，通过在线化方式，可实现相互集成、互为补充，形成数据量大、多维度、内容完备的工程造价专业大数据库。

各参与方也可通过在线化方式实时应用大数据实现共赢，同时各参与方以在线化的方式进行工作协同，通过实时沟通实现快速决策。

3. 智能化是目标

工程造价管理过程存在大量的重复计算工作，计算工程量、清单开项、组价调价、变更计算等计价工作需要耗费大量的时间。另外在全面造价管理的要求下，工程造价专业人员需要对质量、安全、工期、环保等要素成本进行动态分析，由于各要素的叠加，将加大工程造价管理工作的难度。

通过云技术、大数据技术及智能算法，对采集的数据进行分析，形成包含BIM模型、工程量清单数据、组价数据、人材机价格数据的工程造价专业大数据库。利用工程造价专业大数据、智能算法进行数据训练，深度学习，建立具有深度认知、智能交互、自我进化的造价管理数学模型，形成科学决策、精准执行的"人工智能"，提升工程造价管理工作的智能化。数字造价管理的智能化特征，将帮助工程造价专业人员有效提高工程计价工作的效率，提升科学决策的能力。

6.5.3 数字造价管理建设方案

1. 方案思路

按照理念、数据、技术、服务四个升级的总体思路，实施数字造价管理建设方案。

（1）造价管理理念升级——全过程造价管理向全面造价管理升级；

（2）企业数据资产升级——自有数据向共建共享的模型化数据升级；

（3）信息技术升级——基于大数据和人工智能算法的智能化技术升级；

（4）行业体系服务升级——事件式监管向实时在线化服务升级。

2. 整体架构

利用BIM、云、大数据、人工智能等技术，打通全过程、全专业、全范围的业务数据和市场数据，实现造价编制计量、计价一体化应用，为建设方、咨询方、施工方、造价站、交易中心等客户提供云端大数据一体化解决方案，最终实现以目标成本为导向的全过程造价管理。

数字造价管理采取"三层三端一云一服务"的架构，从上至下由一个服务、三层内容、三个端应用、一个基础支撑平台组成。一个服务是指全面造价管理服务；三层内容是指业务层、数据层、技术层；三个端应用是指作业端、管理端、治理端；一个基础支撑平台是指造价管理云平台。

3. 建设原则

"数字造价管理"是一项涉及众多范畴的系统性工程，在共创思路的指引下，应秉承专业先导、协同发展的思路，共同推进。基于全面造价管理理念与数据驱动的数字化理念，依托各方的业务优势进行分工协作。行业治理方主要聚焦数字政务，项目服务商主要思考数字业务，平台供应商主要提供数字技术。

1）理念共识原则

（1）全面造价管理理念：三全升级、集成管理、标杆管理、价值管理、知识管理；

（2）数字化理念：三化支撑、三新驱动、数据驱动决策、平台生态互促。

2）分工协作原则

（1）行业治理方：制定标准、建立机制、动态数据；

（2）项目服务商：提升能力、升级模式、共享价值；

（3）平台供应商：升级平台、打通数据、智能应用。

6.5.4 数字造价管理的技术基础

从"数字造价管理"的定义和核心特征来看，数字造价管理应用基础包括了BIM技术，云计算、物联网、移动互联网及大数据、人工智能。

1. BIM+图形处理技术

BIM技术是一种应用于工程设计建造管理的数据化工具，结合图像处理技术及计价依据，形成包含造价全要素的造价BIM模型。在项目策划、运行和维护的全寿命周期过程中进行共享和传递，使工程技术、造价管理人员对各种建筑信息作出正确理解和高效应对，为项目管理的各参与方提供协同工作的基础，提高造价管理过程沟通协调及管理决策效率。通过BIM技术、图形处理技术集成模型及要素信息，可有效支撑数字造价管理的结构化特征。

2. 云+网（物联网）+端（智能终端）+区块链

通过云+网（物联网）+端（智能终端）等信息技术，可以随时随地获取建筑、项目过程、工程造价管理过程、计价依据和人等各方面的信息，提升工程造价管理相关数据的准确性和及时性，以云技术为核心的平台化应用，可提升综合管理协同效率，有效支撑了数字造价管理的在线化特征。

区块链是分布式数据存储、点对点传输、共识机制、加密算法等计算机技术的新型应用模式。区块链能有效保证数据的安全，为数字造价管理的在线化提供了数据跟踪以及安全保障。

3. 大数据+AI（人工智能算法）

通过大数据和人工智能算法，对历史造价数据的分析，建立各要素对造价的影响模型，进行关联性分析，并结合分析结果进行智能组价、智慧预测、实时反馈。以此提升工程造价管理工作效率及分析决策能力，有效支撑了数字造价管理的智能化特征。

6.6 公共资源交易整体解决方案

6.6.1 方案体系

广联达面向各类用户，建成一套与实际业务和应用基础相适应的公共资源交易五大系统（智慧交易、智慧服务、智慧监管、智慧办公、智慧决策）、三大环境（统一技术平台、数据中心、智能场地指挥中心）、五大保障（架构管理、标准管理、安全管理、运维管理和信息化综合管理），形成5+3+5公共资源智慧交易应用体系，推进公共资源交易领域"放管服"改革，全面提升公共资源交易服务规范化、便利化水平，更好地为企业和群众提供全流程一体化在线服务，推动政府治理现代化。如图6-13所示。

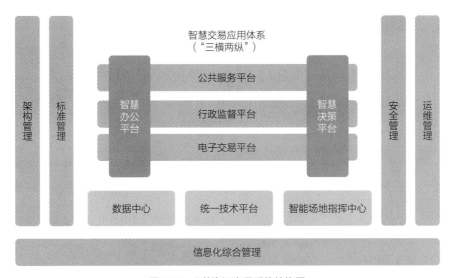

图6-13　公共资源交易系统结构图

6.6.2　专业方案描述

1. 在线开标和异地评标平台

在线开标和异地评标平台是依靠互联网，利用先进的音视频技术、网络通信技术、计算机技术、安全保障技术，构建多城市之间的开标、评标网络系统。通过构建了网上虚拟场地环境、实现了各地评标专家和交易中心评标设施、场所、监管环境等资源的共享，激发投标市场活力，使开标评标工作更加高效、经济、安全、方便、快捷。制定统一的开标评标工作流程与操作规程，使开标评标工作更加科学、规范、协调和统一。在多城市之间进行开标评标工作，利用网上信息留痕追踪定位，构建更加公平、公正的开标评标环境。

2. 智能场地管控

公共资源交易中心属于人员密集型场所，更容易造成病毒的交叉传播。随着后续各地的复工，加强疫情防控，保障活动顺利成为重中之重。广联达电子政务在原有公共资源交易智能场地管控平台基础上。以下功能，可联合部署，亦可独立部署：①实名制进场登记；②智能体温监测系统；③口罩佩戴检测系统；④人员接触与轨迹回溯系统。

3. 综合金融服务平台

依据行业政策，通过有效整合公共信用信息、社会征信服务、交易主体融资需求、金融机构融资产品等资源，立足"信用—金融—市场"合作模式，以降低交易主体的交易成本、解决交易主体"融资难、融资贵"问题、降低融资隐性成本、加快企业信用体系建设为目的，建设面向公共资源交易领域的服务型综合金融服务平台系统。可为各交易主体在交易过程中提供现金银行转账、电子保函、投标贷款等金融服务，助力进一步深化"放管服"改革，优化营商环境。

4. 网络竞价

针对土地使用权、矿业权、产权、排污权、农村集体产权、林权等通过竞价进行交易的公共资源交易业务，广联达基于行业交易规则以及拍卖法，提供涵盖网上挂牌、网上拍卖、自由竞价、限时竞价、密封式报价等多种竞价方式的全程线上竞价产品与服务，为疫情期间重点项目的交易提供全流程线上服务，降低人员聚集风险。产品目前已在福州市公共资源交易中心、晋中市公共资源交易中心、石家庄市公共资源交易中心、雄安新区公共资源交易中心等地上线运行。

5. 在线移动签章

联合对接多方资源，助力线上招标投标，联合多方电子证书和签章供应商，随时随地进行签章授权，脱离实体签章介质，完成交易中所有电子文件的所需身份认证服务、数字证书服务、电子签名服务、文件加密服务，通过手机扫码实现随时随地完成交易环节的电子文件所需。

6. 在线申请CA证书

以手机等移动终端设备作为介质，通过在线方式实现身份认证以及数字证书的申请、管理，减少线下办理所需的诸多申请资料、无需到现场办理，真正实现交易主体不跑腿，提高办事效率。

6.6.3　产品介绍

1. 电子交易平台

广联达公共资源交易平台是为交易主体提供交易服务的综合性平台，涵盖了工程建设、政府采购、产权交易、土地矿业权等公共资源交易类别，提供招标投标、采购、挂牌、拍卖、竞价等各种方式的在线交易服务。依托互联网扁平化的设计理念，充分考虑用户体验，不只是简单实现了交易全流程电子化，更通过多种信息化手段保障交易过程安全可靠、科学公正、简单高效，促进公共资源在线交易的良性运行。如图6-14和图6-15所示。

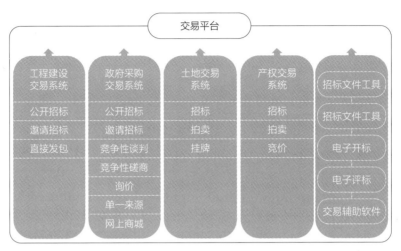

图6-14　电子交易平台示意图

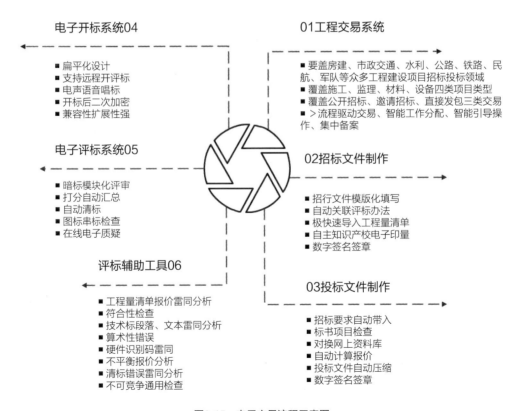

图6-15　电子交易流程示意图

2. 工程建设交易系统

广联达工程建设交易系统涵盖了房建市政、交通、水利、园林、绿化、军队、民航、铁路等多个行业，从项目报建、招标投标过程到项目归档，为交易主体提供全业务场景、全流程、可定制的电子化交易服务。如图6-16所示。

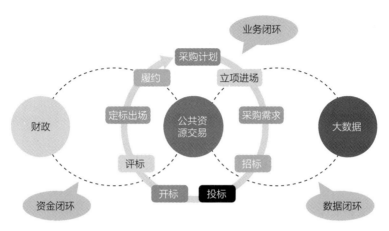

图6-16　工程建设交易系统示意图

3. 政府采购交易系统

提供覆盖全业务场景的电子化交易服务，以全流程电子化为核心，与财政系统打通，实现了从采购计划到履约验收的业务闭环，从预算到支付的资金闭环。并与大数据深度结合，形成数据闭环，以数据推动政府采购智慧交易。

4. 权益类交易服务平台

面向国有产权、农村产权、土地使用权、矿业权、知识产权、海域权、排污权等全品类权益交易业务，提供基于全业务场景的流程定制和信息解决方案，以及应用系统建设。为浙江省、山西省、福州市、广州市、石家庄市、天津市等省市公共资源交易中心提供国有产权、农村产权、土地使用权、矿业权等领域的信息化解决方案和信息化系统，为公共资源交易行业的业务能力提升和信息化发展提供保障。

5. 移动应用平台

广联达公共资源交易移动应用平台，持续探索公共资源交易新模式，实现公共服务平台、电子交易平台、行政监督平台在移动端的延伸。以开放可扩展为设计理念，基于统一规范和标准，实现多方多端协同，保障公共资源交易各方主体及时获取动态信息、高效办理交易业务，助力提升交易效率。如图6-17所示。

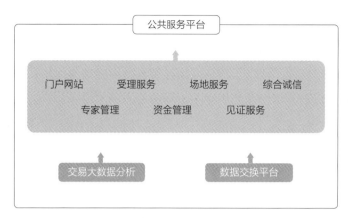

图6-17　公共资源交易移动应用平台示意图

6.　公共服务平台

公共服务平台是公共资源交易体系的核心信息枢纽，通过与各电子系统的互联互通，实现公共资源交易信息数据的集中交换和同步共享。广联达电子政务事业部建设的公共服务平台，以交易信息库、主体信息库、专家信息库、信用信息库、监管信息库为支撑，提供统一的交易事务管理、统一信息发布、统一场地调度、统一基础数据库、统一资金管理、统一档案管理、统一CA互认等功能。如图6-18所示。

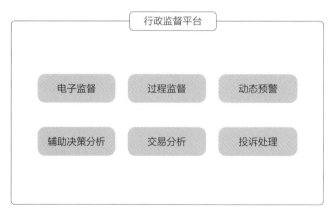

图6-18　公共服务平台示意图

7.　行政监督平台

广联达研发的行政监督平台为交易监督监管机构提供了交易全过程的在线监督通道。通过灵活可定制的电子监察模式和监察点设置，实现交易数据的智能分析和交易各环节的实时监督。产品包含交易备案管理、过程监督管理、动态预警报警、交易视频监控、信用信息管理、投诉举报处理和辅助决策分析等功能，并支持对历史项目的全过程调阅。

8. 公共资源交易大数据平台

基于各交易中心沉淀的电子数据，利用大数据技术推动公共资源交易由电子化阶段向大数据应用阶段的跨越。公共资源交易电子化能够提供智慧决策、有效监管和精准服务数据应用。围绕"交易态势清晰可见、宏观决策有数可依、公共服务精准有效、违规行为无处遁形"的核心理念，为各地公共资源交易中心提供大数据规划、咨询、产品、方案、建设、运维、优化全链条服务。如图6-19所示。

公共资源交易大数据解决方案

信息检索
智能推送
业务统计、报表输出

预测预警
交易预测
行为分析、风险预警

智能评标
标书分析
智能辅助评标

决策支持
宏观经济研判，战略执行分析
制度执行成效分析、市场建设成效评估

图6-19　公共资源交易大数据解决方案示意图

1）BIM电子招标投标系统

基于BIM的电子招标投标系统是将BIM技术引入招标投标过程，基于三维成本模型与成本、进度相结合，以全新的五维视角，集成大数据研究成果，并与空间地理信息平台对接，打造基于BIM+大数据+GIS的专业招标投标模式。BIM招标投标是招标投标从电子化到智能化、可视化的一次跨越式变革。广联达BIM电子招标投标系统已在深圳市、海南省两个地区完成试点，正在全面推广。

2）远程异地评标系统

远程异地评标是依靠互联网，利用先进的网络通信技术、计算机技术、安全保障技术，构建多城市之间的远程评标网络系统。远程异地评标实现了各地评标专家和交易中心评标设施、场所、监管环境等资源的共享，使异地评标工作更加高效、经济、安全、方便、快捷，制定统一的异地评标工作流程与操作规程，使异地评标工作更加科学、规范、协调和统一，在多城市之间组建评标委员会，构建更加公平、公正的评标环境，最大限度减少人为因素干扰。

3）综合金融服务平台

以立足"信用—金融—市场"合作模式，加快企业信用体系建设为目的，开发面向公共资源交易领域的服务型综合金融服务平台系统。可为各交易主体在交易过程中提供现金银行转账、电子保函、投标贷款等金融服务。

4）综合诚信管理系统

公共资源交易综合诚信管理，致力于探索、建立和实现主体信用数据的闭环应用。依托于信用信息共享平台，联通信息孤岛，归集主体多维度的信用数据，依据有关政策法规、评价指标体系和方法，计算主体综合信用指数，对内应用于项目评审，对外实行定期报送，实现主体信用的跨域应用，保障公共资源信用信息的公信力，推动公共资源交易生态的构建。如图6-20所示。

5）智能场地管理平台

广联达公共资源交易场地智能管理平台针对公共资源交易场地及场内活动进行全过程管控。可实现：交易活动全程管控；标室预约分配智能化；活动调度引导智能化；专家通行授权智能化；交易见证监督智能化。平台现已应用于北京市、天津市、雄安新区、湖南省、新疆维吾尔自治区等地区公共资源交易中心。

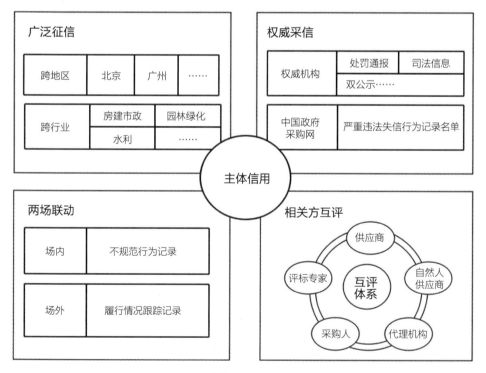

图6-20　综合诚信管理系统示意图

6.7　企业数字采购解决方案

6.7.1　用户需求

近年来，随着外部竞争环境的不断加剧以及材料和人工价格等持续攀升，企业的利润空间不断被挤压，企业面临较大的经营压力。而采购作为企业有效降低经营成本的关键路径之一，越来越多的企业通过采用先进的采购技术、完善的采购管理体系以达到降本增效的目的，进而加强企业在同行业中的竞争优势，实现企业经济效益最大化。

同时，伴随着云计算、大数据、人工智能等新基础设施的不断完善，企业采购的数字化水平将得到显著提升，并加快向"全面数字化"和"智能化"方向演进。在企业数字化采购方面，广联达已经在行业内深耕20余年。通过对项目进行汇总与分析，客户需求主要聚焦于三个方面：

（1）经营需求：进度保障、成本降低、质量管控、数量管控。

（2）转型需求：创造利润、创新模式、企业转型。

（3）反腐需求：采购合规、采购监管、公开公平。

6.7.2　方案概述

广联达企业数字采购解决方案，以企业采购供应链全流程管理为主线，采购方与供应商依托网络采购平台，满足从采购交易、合同签订、订单处理、物流跟踪、对账结算、发票登记以及付款等在线协同应用，帮助企业采购实现阳光透明、降本增效，并支撑企业采购数字化转型成功。如图6-21所示。

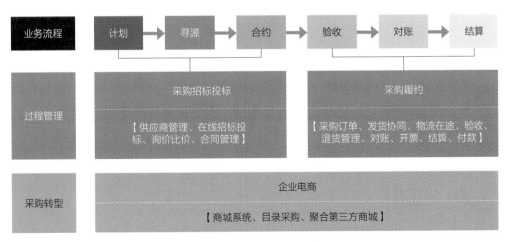

图6-21　采购数字方案流程示意图

6.7.3 方案框架

数字采购方案框架示意图。如图6-22所示。

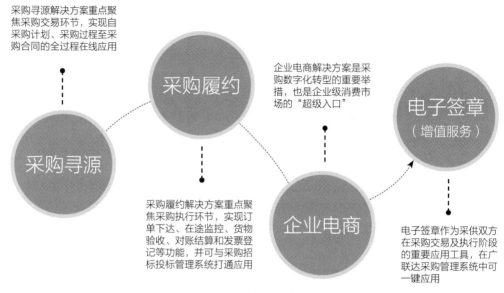

采购寻源解决方案重点聚焦采购交易环节，实现自采购计划、采购过程至采购合同的全过程在线应用

企业电商解决方案是采购数字化转型的重要举措，也是企业级消费市场的"超级入口"

采购履约

采购寻源

电子签章
（增值服务）

企业电商

采购履约解决方案重点聚焦采购执行环节，实现订单下达、在途监控、货物验收、对账结算和发票登记等功能，并可与采购招标投标管理系统打通应用

电子签章作为采供双方在采购交易及执行阶段的重要应用工具，在广联达采购管理系统中可一键应用

图6-22　数字采购方案框架示意图

6.8　企业BI数据决策解决方案

广联达企业BI数据决策系统，通过开放业务系统接口获取业务数据，并为用户提供基于公有云技术或私有云技术的云服务，企业用户可通过大屏、PC-WEB端、移动端三类端口实现企业级大数据平台的应用。广联达企业BI支持从BIM 5D、GEPS项目管理系统、智慧工地以及其他填报工具中抓取数据。在数据仓库的不断完善下，将会有更多的信息化系统接入广联达企业BI中，最终使提供准确、可靠、稳定的决策依据成为可能。如图6-23所示。

6.8.1 企业BI功能特点

1. 全面数据对接
支持多个异构系统提取数据，实现企业内部所有业务数据互联互通。

2. 灵活框架设计
简单拖拽即可完成界面设计，可选择丰富的图表控件。

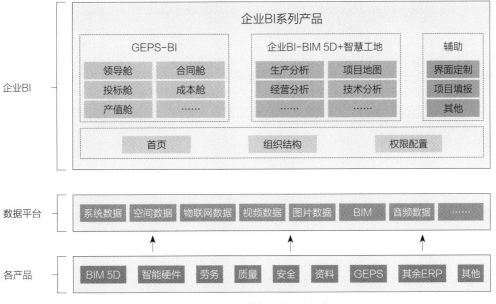

图6-23　企业BI数据决策解决方案示意图

3. 多端显示数据

支持PC端、大屏、多屏、移动APP、微信等多端显示方式。便捷易用，企业数据实时掌握。

4. 指标库积累

提供基于行业多年经验的指标库数据集，提供默认的数据模板，可协助企业挖掘数据价值。

6.8.2　方案价值

1. 提升企业数字化水平

（1）帮助企业做出行业内领先的数据平台、决策平台；

（2）项目数据可视化分析、可视化管控，提升企业数字化能力；

（3）多端显示数据，企业观摩、汇报时实现内外部会议的可视化。

2. 整合信息孤岛

（1）解决公司使用多个软件系统的问题。

（2）解决各部门业务数据共享、协作的问题。

3. 控制风险

（1）现场重大隐患提前预警，进度偏差一目了然，管理层随时掌控企业运营状况，风险前移、隐患可控。

（2）监控各级组织管控行为，横向比较风险处理的态度、措施，用数据客观评价。

4. 辅助决策

（1）建立企业统一数据平台，积累数据资产，发挥数据价值。

（2）平台的建立带动各级组织不断丰富数据完整性、真实性，辅助企业管理层制定有效的提升措施以及相关决策。

6.9 协同运营解决方案

广联达协同运营方案聚焦于建筑企业数字化运营，通过高度集成的数字化管理平台所建立的企业数字化生产、数字化经营、数字化管理、数字化服务流，构建横向集成、纵向贯通、端到端数字化的全新运营管理体系，并基于互联网、云计算等新一代信息技术建立起可视化的生产指挥平台、管控决策平台、产业链协同平台。

广联达秉承"业务全连接，运营数字化"的理念，为建筑企业提供企业信息化综合治理、数字协同办公、安全风控管理、督查督办、党务管理、综合管理、数字基建和企业运营管理支持为主的各类解决方案。通过数据和流程，粘合内外部业务，打通企业运营壁垒，实现制度、流程、文化落地，实现人与人、部门与部门的顺畅沟通、高效协作，实现知识的沉淀、共享、学习应用和不断创新，满足企业快速增长的长期信息管理需求，保障企业高效运转，提升建筑企业数字化运营能力。

6.9.1 数字协同办公平台

数字协同办公平台通过建立企业内部信息交流的快速通道，共享信息资源，加强各业务部门之间的交流，实现信息的快速上传下达，高效协同。平台提供公文管理、业务生成器、信息发布、文档中心、即时通信、移动APP等功能模块，满足企业日常办公交流的信息化建设，并采用最新技术，为客户提供安全、稳定可靠的办公系统，提高组织整体办公效率。如图6-24所示。

（1）流程审批更轻松：强大的流程引擎，轻松满足各种复杂业务流程（如合同审批，印章申请，费用报销等）的审批。

（2）平台操作更流畅：全新的底层平台，保障系统高稳定性、浏览器高兼容性，带来更顺畅的操作体验，让业务处理畅通无阻。

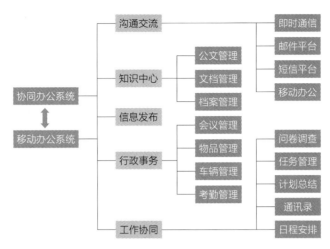

图6-24 数字协同办公框架示意图

（3）表单搭建更灵活：卓越的表单设计器，包含丰富的系统组件，可视化界面和拖拽式设计，实现自主灵活地快速搭建业务表单。

（4）移动办公更便捷：微信端及移动APP可随时随地查看审批，办公不再局限于一方天地。

（5）办公场景更契合：深耕建筑企业业务20年，为建筑企业量身定做能创造长期价值的系统平台，打造高品质、高效率的办公场景。

6.9.2 智慧门户

智慧门户通过应用聚合、功能聚合、待办聚合、数据聚合等方式将各个独立的业务系统进行有机融合，为不同企业、组织、用户提供个性化入口，用户一次登录，实现应用、操作、信息、数据的集中呈现。

智慧门户以安全管理为基础，采用微服务、微前端技术架构，通过易用和可扩展的可视化、组件化构建方式，助力企业办公协同生态建设。通过跨系统的数据打通，数据图表展现与穿透，为业务经营与企业管理提供决策支撑。通过人工智能、行为分析等技术，融合日程、流程、消息等为用户提供智慧化场景服务。

智慧门户的特点：统一认证，全网漫游；多方协同，构建生态；聚焦场景，智慧服务；辅助决策，精益管理。

6.9.3 督查督办管理平台

秉承"件件有落实、事事有回音"的督办管理原则，实现企业各类督办业务的全生命周期管理，并提供全面化、体系化、便捷化的管理视图、任务中心与处理机制，从而助力企业打造卓越执行力。

督查督办管理平台的主要内容有：

（1）六项督办任务：重要工作部署、重大会议决议、重要事项落实、重要制度指令、重要事项待办、重要公文处理。

（2）四大流程环节：立项管理、办理管理、考核管理、办结管理。

（3）四种督办分类：专项督查督办、重点督查督办、定期督查督办、日常督查督办。

（4）十大基本步骤：拟订方案→组织讨论→立项审批→发布立项→过程督办→检查验收→汇编通报→办结报告→执行结果→资料归档。

6.9.4　智慧党建管理平台

秉承"互联网＋党建"的创新理念，运用互联网思维，助推党建工作创新，整合规范党群管理业务，实现党的组织建设、党员管理、党员服务、党员活动、量化考核的网络化、数字化、智能化的智慧党建管理平台。如图6-25所示。

智慧党建管理平台的应用价值：

1）全面性的党务管理

全面推进党务管理建设，实现入党全程记录与办理，电子档案的建立、更新、统计，党员数据变动，实时修改，实时更新，党员流动不流失，极大提升党务管理工作效率。

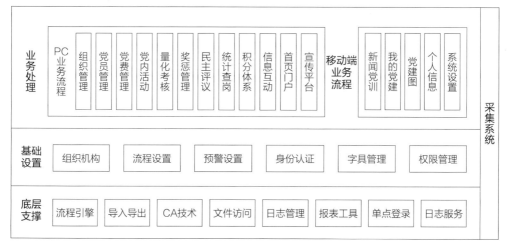

图6-25　智慧党建管理平台示意图

2）规范性的党员活动

上级党委可对各级党组织开展党内组织生活的数据进行统计分析，实现管理数字化、评价科学化、展示形象化。

3）及时性的党员服务

对党费收缴、支出、监督的全程管理，减轻了党费收缴工作强度，提高了党费收缴管理质量、工作效率和规范性，实现了党员服务效率最大化。

4）立体性的考核评价

为党员素质评价和党支部的考核构建可量化、多指标的长效体系，实现党员、党支部量化、立体、客观评价。

6.9.5　智能印章管理系统

智能印章管理平台包含实体印章风控管理系统、电子签约系统两部分。实体印章管理是通过OA系统与智能印控的融合，给现有实体印章增加一把"智能锁"，审批授权后方可使用，用印过程留痕监控、自动比对文件、主动预警，防范用章过程的风险。电子签约是在线认证后生成企业或个人的数字签章，全程在线流转、签署，有效防止文件篡改，实现盖章过程的降本增效防风险。

通过提供智能用印服务，实现用印流程化、印章使用可控化、盖章文件数字化、印章管理规范化，守护每一次用章安全，让印章管理从粗放式向精细化转型。如图6-26所示。

智能印章管理平台的应用价值：

（1）规范管理：用印申请流程化、预约机制规范化、印章状态透明化。

（2）降低风险：增加"智能锁"，授权后方可用印，用印过程自动留痕、可监控；增加数字水印、OCR识别，自动校验用印文档，自动预警，降低印章下放、外带中的风险。

（3）提高效率：用印线上审批、远程授权后可在基层单位使用，电子用印可直接线上签署。

（4）节约成本：减少印章使用的差旅、快递的次数，降低对人员的过度依赖，节省管理成本。

（5）数据分析：所有盖章文件及相关数据自动存储到服务器，依托海量数据进行企业风控分析。

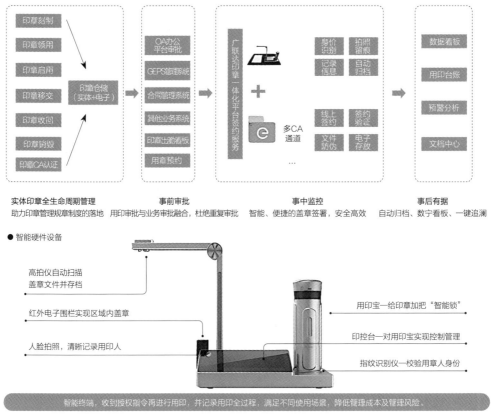

图6-26　智能印章管理系统示意图

（6）系统融合：与协同办公平台、GEPS综合项目管理等系统无缝融合，"业印流程"双流合一，减少重复审批。

6.10　基于CIM规建管一体化解决方案

随着城市发展规模的扩大和构成要素的增多，城市的规划、建设、管理系统日趋复杂。2015年，中央城市工作会议之后，多规合一、规建管一体化成为未来城市发展的方向。利用新一代信息技术赋能智慧城市建设，基于数据驱动城市治理方式革新已成为当前城市发展和管理新趋势。但长期以来智慧城市建设存在基础数据信息缺失、信息共享不畅、数据孤岛现象丛生、平台重复建设等问题，导致城市规建管各环节数据无法贯通，业务无法联动。在此背景下，城市信息模型（CIM）

的概念应运而生。基于统一的城市信息模型CIM，将规划设计、建设管理、竣工交付、设施管理进行有机融合，实现城市一张蓝图绘到底、一张蓝图干到底和一张蓝图管到底。广联达已在福州·滨海新城、泉州·南安芯谷、重庆·广阳岛、青岛·CBD、成都·新津、雄安·市民服务中心等项目落地实践，助力城市的规划、建设、运维管理。

6.10.1　方案描述

广联达自主研发的基于CIM的规建管一体化解决方案，围绕城市建筑和设施全生命周期，以数字孪生城市为载体，在城市/园区建设管理过程中，推进新一代信息技术与城市战略、规划、建设、运行和服务全面深度融合，以CIM时空一体化云平台为支撑，通过探索城市规划建设管理服务一体化业务，打通规划、建设、运营管理的数据壁垒，改变传统模式下规划、建设、管理、服务脱节的状况，将规建管服全过程业务进行有机融合，构建基于CIM+规划、建设、管理、服务应用，形成城市规划一张图、建设监管一张网、运营管理一盘棋、公众服务一站式的高效管理体系，积累完整的城市大数据资产驱动城市治理能力提升，促进城市/园区的高质量发展。

广联达通过构建城市/园区数字空间基础设施，实现城市/园区规划、建设、管理全生命周期管理，高起点规划，高标准建设，精细化管理，坚持规划先行与建管并重相结合，充分利用BIM和3DGIS、云计算、大数据、物联网和智能化等先进信息技术，在数字空间同步建立一个与实体城市匹配对应、虚实交融的"数字孪生城市"，实现城市从规划、建设到管理的全过程，全要素，全方位的数字化、在线化和智能化，将城市/园区治理提升至"细胞级"精细化管理水平，构建以信息化为引领的绿色、智慧和韧性的城市发展新形态。

广联达的规建管一体化平台架构可以简要概括为"一个平台、两大中心、三朵云"。其中，一个平台是指以BIM+3DGIS、物联网、多源数据管理等技术为核心的CIM云平台。两大中心，是指以城市时空信息模型为核心的时空数据中心，以及以规建管一体化运营管理为核心的城市智慧中心。三朵云则分别为实现城市规划一张图的城市规划云，构建建设监管一张网的城市建造云，以及实现城市治理一盘棋的城市管理云。规建管一体化平台为城市建设、园区开发提供规划、建设、管理全过程一体化解决方案和运营服务。

6.10.2 方案价值

1. 多规合一

实现城市规划一张图。建立城市信息模型CIM数字底板，有效解决空间规划冲突，推演城市未来发展，实现土地资源和空间利用更集约，方案更科学，决策更高效。

2. 智能建造

构建建设监管一张网。通过CIM平台，采用物联网及现场智能监测设备等技术手段，与园区工程现场数据实时互联，实现对建设工程从项目立项、建造过程监督和竣工交付的全生命周期智慧监管，全面提升工程项目监管效能。

3. 智慧运营

实现城市治理一盘棋。基于建设交付的CIM城市信息模型，通过CIM平台，实时监测城市运行状态，敏捷掌控城市安全、应急、生态环境突发事件，事前控制，多级协同，实现城市治理的"一网统管"。

4. 智慧服务

实现便捷服务一站式。基于CIM平台通过建立城市统一门户、统一移动端服务入口，有效链接运营方、政府、企业、合作伙伴，实现生态化服务及生态化运营，为城市入驻产业、公众居民提供工作、生活等各类服务，实现城市服务一站式。

6.10.3 方案应用案例

广联达基于CIM的系列产品和解决方案在国内众多项目上落地应用，包括福州市滨海新城规建管一体化管理（一期）、北京大兴国际机场临空经济区规划建设管理、青岛市中央商务区综合治理管理等。

1. 福州滨海新城

福州滨海新城基于CIM的规建管一体化平台（一期）内容涵盖城市规划、建设、管理三大阶段，整体系统规划为"三云一平台"，即城市规划云、城市建造云、城市管理云、基于BIM+3DGIS的城市CIM一体化平台。项目实现关键运行时据事实检测，提升城市生态、安全、韧性，物联网监测数据标准指导科学规划，实现城市运维管理需求前置，提升规划质量。

2. 北京大兴国际机场临空经济区

北京大兴国际机场临空经济区规划建设信息平台（一期）开发实施项目，主要包含规划展示、产业服务、工程管理、数管平台、系统运维平台五个子系统。项目建立临空经济区时空数据中心，初步奠定了"数字临空"的数据基础，二、三维结合检验临空经济区4大类、49个二级综合指标体系的实施情况。

3. 青岛中央商务区

青岛中央商务区基于CIM的综合治理平台，为城市三维数字化建模，构建了CIM时空信息云平台、CBD综合运营管理平台，搭建了城市部件设施巡检一体化系统。项目有效提高综合治理预警和快速反应的能力，智能化监控的方式替代人工扫街模式，管家队员从46人降低到4人，运维成本从每月45万元降低到12万元。

第7章
数字建筑解决方案实践案例

7.1 数维设计软件高层住宅和道路项目应用案例

7.1.1 高层住宅设计项目案例

1. 项目背景

某高层住宅小区工程位于广东省佛山市南海区里水镇,总占地面积约27 251.5平方米,总建筑面积:101 693.8平方米,共有7栋高层住宅和部分商业体。该项目由广东天元建筑设计有限公司承担设计任务。

2. 设计软件产品

该住宅小区工程项目的设计使用广联达数维建筑设计、数维结构设计、数维机电设计、数维协同设计平台、数维构件设计及数维构件坞。

3. 应用亮点及价值

1)应用亮点

(1)正向设计出图。通过数维软件,可以在不必大幅度增加工作量的基础上,实现项目的正向设计出图,同时,协同插件也能结合三维及二维的优势,在保证图模一致的情况下,结合项目中对模型的深度要求,利用二三维融合的功能,实现三维模型和二维图元的协同出图,提高出图效率。

(2)设计算量一体化。数维软件可以实现与广联达算量软件的实时导出,避免算量重复建模带来的重复工作以及信息缺漏的问题,实现算量工作效率与准确性的提升。

2)应用价值

(1)完成正向设计出图工作,实现各类图纸的同步修改。

（2）通过流程上的优化，结合二三维出图，减少了出图时间。

（3）设计算量一体化，设计模型完成后，可以快速导入到算量软件中进行模型算量。

4. 应用体验

（1）广联达数维建筑设计软件、数维构件设计软件、数维协同平台等产品，有助于建模出图效率、出图准确性的提升，并且设计模型可用于后续算量，确保了设计算量数据的一致性。对于住宅项目，目前基本能完成建筑专业的正向设计出图工作，相比其他BIM软件，广联达数维设计软件更适应国内出图习惯、要求，同时，软件特有的优化功能，例如标准层及模块，也让模型搭建更加流畅，也实现了建模出图效率的提高。

（2）广联达数维结构设计软件本土化程度高，方便使用。配筋图的出图质量和效率有保证，软件很大程度上保留了设计人员的操作习惯，降低了学习成本，建模效率有了提升，大幅简化了成图的操作，有利于实现BIM正向设计的普及。提出了设计—算量一体化的解决方案，消除了后端算量人员的低水平重复劳动，利于丰富设计成果，提升交付水平，解决了行业长期以来对于BIM模型用途的质疑，具有十分重要的意义。

（3）广联达数维机电设计软件的使用，最小程度地改变设计师的工作习惯，实现从二维到三维设计模式的改变。目前有较多较好的特色功能，比如喷淋绘制、管道/设备自动连接、快速标注等，打破BIM建模慢、出图难的现状，在细节处提升工作效率，使用二三维融合设计，提高出图效率，出图效果符合常规的出图要求，使用该产品能够实现精细化设计，提高设计品质。

（4）广联达数维软件能够在满足二三维设计出图的基础上，将模型的数据，方便准确地传递到成本端，实现了设计与算量的快速对接，极大地提升了设计模型的价值，有利于推动设计与造价业务条线的融合，以及设计与算量一体化的行业变革。

（5）广联达的数维建筑设计软件及数维协同平台在项目策划、图纸及模型审核、图纸提资及归档、企业人员策划、企业看板管理等方面带来很多的价值。

协同平台方便对项目进行管理，项目前期提供人员及任务策划，过程中利用平台也可以方便地对现有成果如图纸、模型、构件等资源进行审核和管理。

通过看板，使用平台进行文件的统一管理，可以直观地看到当前正在进行的项目的情况、项目遇到的困难、各专业进度等，在企业级看板以及项目看板中及时了解相关情况，方便对成果进行管理。

利用平台端进行图纸和模型校审，Web端轻量化的浏览以及问题的快速定位可以为模型及图纸审核带来很大的方便，有助于实现问题的闭环管理。

运用数维算量软件打通设计算量一体化，使项目在设计阶段进行成本管控，实现成本管控前置，为项目降本增效提供设计和算量依据，为项目提供增值服务。

7.1.2 道路设计项目案例

1. 项目简介

中国市政工程中南设计研究总院有限公司深圳分院设计团队在深圳某工程设计中采用广联达数维道路设计软件，验证软件对道路设计的价值。该项目设计路线全长约10公里，包含路基、隧道、桥梁，其中路基段占比约22%、隧道段占比约38%、桥梁段占比约40%。该道路项目规划为城市快速路，全线采用双向六车道，局部双向八车道，设计时速80公里/小时。

2. 整体解决方案

广联达数维道路设计软件是基于广联达国产BIM图形平台和参数化建模技术，为路桥隧设计师或BIM工程师全新打造的，聚焦于路桥隧方案设计，市政多专业协同设计平台实现专业间提资及设计过程协同管理，可以极大地改善目前道路交通领域BIM设计软件的现状，提升设计效率与质量。如图7-1所示。

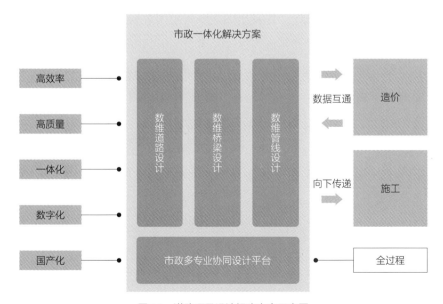

图7-1　道路项目设计解决方案示意图

在数维设计中实现一体化建模，各专业无缝协同、数据互通，完成项目复杂城市快速路（包含立交、隧道、桥梁）地形、路线、纵断、道路、立交、桥梁建模及方案阶段BIM正向设计，实现道路、桥梁、隧道的一体化设计。该工程项目结合地形地貌、周边环境、现状交通、规划批复等条件，设计内容同时包含了道路、立交、桥梁、隧道等内容。在设计阶段，各专业设计人员通过数维设计软件协同设计更加方便、直观。

3. 应用亮点及价值

1）数字化构件设计，大幅度地提升BIM设计工作效率

初步设计阶段可直接沿用方案阶段模型进行深化设计，提升工作效率，降低正向设计过程中的人力和时间成本。提供了参数化构件设计，并内置了专业设计规范，在桥梁、隧道模型等可进行再次编辑，可修改局部细节，使用设计师自己设计的族文件，进行深化设计，完整实现路桥隧的BIM专业化设计，大幅度地提升BIM设计工作效率。

在本项目中，不同路段处桥梁上部结构分别采用了节段预制拼装箱梁、装配式小箱梁和钢箱梁，桥梁下部结构分别采用了双柱Y型墩、盖梁柱式墩、门架式桥墩、花瓶墩和墙式墩。对于隧道段设计包括双洞矩形断面、双洞圆形断面、单洞圆形断面，整体设计内容涵盖较多方面。设计人员在数维构件设计软件中设计所需构件，比如双柱Y型墩、门架式桥墩、墙式墩等构件。在构件设计中，将重要的构件尺寸设置对应的构件参数后，后续需要对构件进行调整时，操作会更加方便快捷。将设计完成的构件以gac文件格式导入到数维设计构件库中即可在对应桥梁方案中选择构件。

2）数维道路地形创建中，可以使用Dwg格式的等高线图生成地形曲面，坐标和标高准确，满足施工图深度设计需要

获取前期设计资料的传统方式需要获取高程图纸或者进行商业航拍，时间成本和人力成本较高。联机地图地形创建减少必须使用测绘点进行地形绘制的要求，降低地形创建基础资料要求门槛，处理和加载倾斜摄影功能实现了BIM和3DGIS数据的融合，有利于精细设计和方案汇报交流。创建修改路线，进行路线平曲线设计，满足本项目的路线设计。

3）道路工程设计，高效地完成绘制工作，提升设计效率

实现板块设置、道路变宽、路幅变化过渡、超高加宽以及上跨路的设计。例如，本项目中双向六车道与双向八车道横断面可通过板块设置功能快速、准确地创

建，路幅变化过渡设计能够快速完成在不同宽度路面交接路段的渐变。

4）互通立交方案设计，BIM构建建模直观展示，避免碰撞，提升方案价值

项目中主线和匝道桥梁上跨某现状高速公路，在该处路段进行立交设计时采用数维设计能够快速进行立交出入口设计，自定义互通立交连接部的功能，在调整鼻端位置时也十分便捷，同时也提供了对匝道纵断面设计时，进行自动纵坡衔接功能，帮助设计人员顺利完成立交设计。

7.2 EPC总承包项目数字化管控实践案例

7.2.1 项目背景

该工程位于杭州市临平区乔司街道。项目总用地面积约13公顷，共涉及四宗地块，总建筑面积约45万平方米，项目总投资估算约30亿元。年组装2万套数字设备，总工期780日历天。EPC工程总承包项目。主要建设内容包括生产研发楼、员工食堂、公共配套、地下室、景观绿化配套等。项目难点如下：

（1）项目涉及多个专业，技术复杂难度大，机电、钢结构及全专业协同深化要求高。

（2）项目工期紧、任务重、质量要求严。

（3）项目要求全过程应用信息化管理技术，涉及物联网、智慧工地、BIM技术、信息集成系统等。

（4）争创"中国建设工程鲁班奖"。

7.2.2 解决方案

项目依托于BIM技术、信息化管理和物联网技术，基于广联达BIM+智慧工地系统平台，开展各层级管理活动，包括设计、质量、安全、生产、技术、资料、智慧工地和党建教育等，过程产生的业务数据，一方面用于内部的数据交换与共享，另一方面用于数据的分析与可视化表达，形成数字化管控指挥中心，服务于项目管理决策。如图7-2所示。

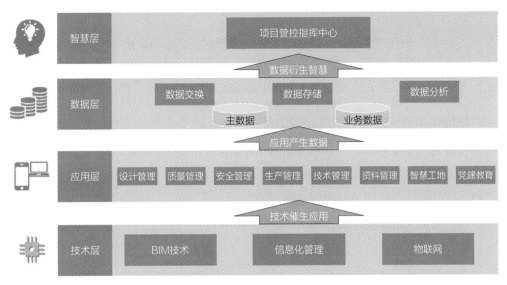

图7-2 EPC总承包项目数字化管控方案示意图

7.2.3 应用内容

1. 进度管理应用

通过生产管理系统，将三级计划通过BIM模型流水段进行数据串联，实现三级计划数据联动。生产经理将周计划通过网页云端派发到生产部门人员移动端，任务责任到人，施工员利用移动端现场实时反馈各区域施工进度，实现进度数据逐级反馈，从而自动获取真实数据，可及时预警项目进度风险，把控项目进度。事前控制——逐级追溯，审视下级计划合理性，事中控制——动态跟踪现场工长执行情况。

项目通过进度与BIM模型技术结合，实现进度可视化，在三维模型中直观呈现项目现场哪些构件已施工，哪些构件未施工，通过BIM-4D模拟，实现计划进度与实际进度对比，直观呈现项目进度超前与滞后情况。

2. 质量管理应用

（1）通过移动端进行现场质量巡检与验收，线上下发质量整改通知单，通过大数据分析：①质量问题通病及原因分析，针对性加强管控；②对质量问题增长趋势分析，在问题爆发时间段加强项目管控；③对质量问题整改效率分析，督促责任单位及时整改；④施工质量问题责任主体分析，对最差分包单位进行罚款等处罚处理，其他单位引以为戒，保证施工质量。

（2）通过平台对管理记录进行留存，质量交底、设备检测等。

3. 安全管理应用

安全员每日对施工生产过程中可能存在的隐患进行巡查，发现问题后通知责任人进行整改，责任人组织分包单位整改后，通知安全员进行复查，复查合格后，问题关闭，同时安全隐患排查，安全教育、安全交底以及类似安全管理工作可在手机端进行开展。

数据积累到一定程度，可以按照各种维度进行数据分析。通过WEB网页端，利用碎片时间随时掌握公司和项目的安全运营状况，发现问题可第一时间追溯责任人进行处理。可实时准确反映项目安全运营情况，追溯检查记录，明确责任归属。

同时，建立重大危险源二维码信息库，规范化管理项目特种设备、特种作业人员和危险性较大的分部分项工程。

4. 绿色施工应用

项目上搭建工程环境自动监控系统，对建筑工地扬尘、气象、噪声进行实时监测，当出现设定的非正常值，平台可以进行报警。同时可接受相关政府的监督、项目自检，预防市民投诉，共建绿色环保建筑工地。

通过智慧工地平台，实现自动喷淋系统与扬尘在线监测系统实现联动，设置空气质量扬尘上限阈值，实现超限报警自动启动现场喷淋系统，改善工地的施工环境。

5. 人员管理应用

现场采用人脸识别的考勤方式，规范工人实名制作业，避免因刷卡等考勤方式造成的人员代刷卡考勤不真实的情况。工人进场报到时，劳务管理人员通过手持设备自动读取人员身份信息，并采集人脸信息进行授权，相关信息自动同步至系统，工人日常考勤记录自动上传系统，生成考勤，劳务管理人员打开系统直接打印考勤表上报业主。既规范了出勤，又提升了管理效率。

6. 视频监控管理应用

将现场视频监控系统接入智慧工地平台，对工地各标段的关键要害部位、重点区域、施工主要点、宿舍区域等现场情况进行24小时实时监控，实时了解现场情况与动态，若有异常，可以采取必要的措施，从而防止意外情况的发生，同时手机端APP在联网状态下可进行远程实时查看。

7. 塔式起重机监测应用

实时采集塔式起重机运行的载重、角度、高度、风速等安全指标数据，传输平台并存储在云数据库。实现塔机实时监控与声光预警报警、数据远传功能，并在司机违章操作发生预警、报警的同时，自动终止起重机危险动作，有效避免和减少安全事故的发生。

同时集成塔式起重机检测设备，实现塔式起重机运行状态的多方位监控，实时预警问题，提醒保证作业安全，更能对塔式起重机工作效率进行分析，发掘数据价值，提升管理水平。

8. 无人机应用

通过无人机定期航拍项目进度照片，并上传至信息化管理平台，直观展示项目进度全过程。同时通过720云进行全景图的设置，并上传至数字项目管理平台进行生产同步。

9. BIM技术应用

（1）运用BIM建模软件，建立项目建筑、结构（混凝土、钢结构）、暖通、给水排水、电气、幕墙等多专业BIM模型，将二维图纸转化为三维可视化模型，用于后续的图纸校核、设计优化、施工节点深化和可视化技术交底。

（2）运用BIM技术对机电专业管道密集区域进行综合排布优化，避免现场重复拆改造成的材料及人工浪费，能够保证施工一次成优，合理有序施工，使整个工程的施工质量得到保证，同时缩短工期，为创建优质工程奠定基础。

（3）运用BIM技术进行钢结构设计深化，查找并解决设计问题，为尚未开始施工的部分提供正确的设计指导，提升施工图设计的深度和质量。在钢结构施工管理方面，通过三维模型直观呈现钢结构构件位置，通过点击构件查阅构件设计参数、生产厂家等信息。

（4）可视化技术交底，对设备的施工工艺节点进行大样深化和模拟，以二维码为载体整合模型基本信息包括尺寸、重要施工工艺、工艺建造动画等。作业工人通过手机扫描二维码（微信即可，无需安装APP），即可轻量化、清晰化查看相关内容。做到真正意义上的可视化交底，模型指导施工，减少以往技术交底不清，工人施工理解错误的情况。

10. 数字管控中心平台应用

直观呈现项目概况及人员、进度、质量、安全等关键指标，对问题指标进行红色预警，每个指标可逐级展开、查看详细分析和原始数据。为决策层/管理层提供项目的整体管理指标（安全、质量、进度、成本以及工程款回收等），监控项目关键目标执行情况及预期情况，为项目成功保驾护航。

11. 硬件集成BI应用

平台将现场系统和硬件设备集成，将产生的数据汇总和建模形成数据中心。在一张图一个模型中实时显示现场各类生产要素数据，使施工现场实现数字化，数据更全面、准确、及时地展现在平台中。

12. 技术协同应用

项目施工过程中，资料多、格式多、查阅难，通过将施工过程中各种格式的电子图纸、技术方案、交底资料、标准规范、公发资料等上传到平台，可实现工程资料的精准分类、高效共享。通过手机端即可实现构件相关信息的快速查阅，提升资料传递的效率。

同时按照国家规范进行施工，通过手机端直接查看共享的规范标准，解决了之前查阅国标文件困难，现场资料不齐全的问题。随时翻阅标准，也可有效指导现场的施工操作，减少了施工中盲目施工，提升了施工中整体的工艺水平。

资料管理方面：各参建方基于协筑平台，负责各自范围的资料上传，确保更新及时准确，实现资料内部互通共享。建立盖章审批、联系单下发等项目部审批流程，规范流程管理。

7.2.4 应用效益

1. 项目层面效益

提升了整体工作效率，并节约了大量成本费用，为项目争优评奖提供了有力支撑，赢得了业主单位及杭州临平新城管委会的高度认可。

2. 公司层面效益

（1）培养了一支专业化项目管理团队。

（2）形成公司对在建项目的数字化监管治理体系。

（3）提升了企业形象和本地经营能力。

3. 外部效益

形成了一系列发表在公共期刊上的论文研究成果，为同行业项目数字化管理提供了一定的借鉴价值，为推动数字建造发展提供了助力。

7.3 西安数字建筑产品研发大厦智能建造实践案例

7.3.1 项目背景

1. 工程概况

广联达（西安）数字建筑产品研发基地项目地处西安市明光路以西，北三环以南。紧邻交通主干道（南临北三环、东临明光路）。工程总建筑面积66 278平方米，地下3层，2万多平方米，地上12层，4万平方米，框架剪力墙结构。历时三年打造完成，是广联达自建自营数字建筑样板，是在数字建筑领域的又一次深刻实践。

广联达（西安）数字建筑产品研发基地是一幢集绿色、节能、健康、智能于一身的数字研发大楼。大楼外观整体色调以砖红色与科技灰为主，兼具科技感与设计感，内部配套自动化智能办公设备，满足员工日常工作、休闲等个性化需求，利用太阳能等可再生能源系统做到建筑能源的自制化，实现绿色节能，以实际行动助力国家"双碳"目标建设。

2. 工程难点

（1）该工程施工范围包含室内精装修、给水排水及电气多项工程，作业楼层装修施工期间幕墙、钢结构、机电、消防、暖通等多个专业施工单位存在大量交叉作业。

（2）项目施工工期紧，质量要求高，技术处理难度大。

（3）专业覆盖全面，工序穿插困难。

（4）成本管控难度大。

（5）材料运输困难。

7.3.2　项目功能与建设方案

1. 项目绿色低碳功能

该项目除室外屋顶常规绿化外，还采用了室内立体绿化，形成了生态中庭，而生态中庭是项目极具特色的景观之一。通过采用海绵技术为绿植提供合适的湿度、温度及水，为其长期存活提供根本保障，使四季皆有绿色，实现建筑绿色共享化。

采用太阳能光伏板、太阳能热水、热回收系统、防噪遮阳系统等，实现使能变创能、性能变节能、价格变价值，做到了建筑能源的自制化。

建有室内跑道、健身空间、共享空间等设备设施，实现了建筑健康的服务化，让工作变生活、休息变休闲、场地变环境、空间变共享，为每一个广联达人提供"家"一样的办公环境。

此外，设置900个单控灯光星光报告厅、车位自助智能充电、可电动升降办公工位、自助健康检测机器人诸多智能设备，实现了建筑智能的感知化，使办公环境更加便捷与高效。

富有特色的节能设计和智能化设计，使得广联达（西安）数字建筑产品研发基地融入诸多科技元素，作为新型数字建筑样板工程，该工程已成为西安醒目的新地标建筑。

2. 建设方案

该项目将广联达多年建设项目管理实践经验与数字建筑理念、IPD交付模式、精益建造思想、BIM等数字化技术相结合，涵盖项目的全过程、全要素、全参与方，利用数字化、在线化、智能化技术支撑，实现了集成交付模式、精益建造以及数字建造平台应用三方面的有效创新，最终实现工业级品质交付。项目建设目标为：打造数字建筑标杆，引领行业创新示范。

本项目运用BIM技术和数字化管理平台贯穿设计、施工与运维阶段，解决工程重难点、减少资源浪费、加快施工进度、提高成本管控能力、实现各参与方协同交流，节省沟通成本，提升沟通效率。力争实现"鲁班奖""长安杯""绿建三星"等目标。

7.3.3　实施过程

广联达（西安）数字建筑产品研发基地在多个领域率先开展了数字化的创新与实践，并取得诸多成效。实行两级组织管理体制，即管理层（项目管理团队）和作业层（设计、供应、施工、咨询、信息化等供方单位），三层激励机制，即生态伙伴组织（预期利润激励）、项目管理团队（奖励分成激励）、项目作业层（作业成本降低率激励）。该项目数字化集成交付是当前行业内的新突破，打破了传统项目总包与分包的合作模式，实现了项目各参与方之间良好的沟通与协作，使项目管理效率显著提升，有效节约了项目成本并保证项目的进度、质量与安全。

1. 实施数字化集成交付模式

在项目建设过程中，创造性实践数字化集成交付模式（IPD），实现"一个共同团队、一个项目计划、一套业务流程、一套作业标准、一套唯一数据、一套赋能平台"六个统一闭环管理，解决了建筑业生产和组织割裂、效率低下问题，解决了项目参与方争端和博弈。数字化IPD具有以下价值：

1）IPD是最大化数字化价值的项目管理实践模式

数字化本身所要求的信息集成，在客观上使各组织各专业之间的集成需求增加，相互依赖程度增高。IPD通过使团队成员目标一致，并激励他们在项目全寿命期中更紧密地合作，从而创造了综合应用BIM平台和实现其最大潜力提供了所需要的协作氛围。

2）数字化技术支持IPD成功高效实施

以BIM为代表的数字化作为一种信息交互平台，在技术上实现了各专业的信息集成。基于数字化平台，可以实现项目信息共享，融合项目各专业人员并达到跨专业团队之间的高效协作。

2. 实施工序级数字化精益建造

在工程建造过程中，项目借鉴制造业经验，引入精益建造理念，实践了工序级数字化精益建造方法，实现深化设计到构件级，满足及时出图；工序拆分到小时级，落实到班组；生产实现自动实现分级计划排程，关键路线快速分析；基于工序级的质量验收，任务驱动、闭环管理，将工程施工提升到工业制造的精细化水平。项目排程交付工序达21 000个，建立了680个工序标准。并将线上数字虚拟建造与线下精益实体建造相结合，致力于实施数字孪生、虚实联动的数字化建造。如图7-3所示。

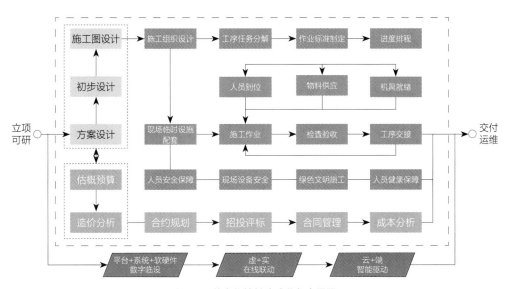

图7-3　数字化精益建造业务全景图

3. 实施数字驱动的智能管理

广联达坚持以数字化平台为支撑，研发整合了多款数字建造平台、系统和工具，实现设计施工一体、现场工厂一体、虚体实体一体等，以及塔式起重机等智能监测、智能安全帽等智慧工地的一系列智能化设施设备及软硬件应用，实现数字驱动的智能管理与数字建造。据悉，项目建设过程中，节点级深化设计图纸将工艺工法、BIM分解模型生成二维码，挂接于图纸，先后完成支护、集水井、钢筋、钢结构、机电、屋面、幕墙、精装、设备间等深化,出具A3节点图4 000余张,有效解决专业交叉与集成问题。

此外,在项目落地实践过程中,全程采用BIM等数字化技术赋能智能管理与数字建造,为我国建筑企业数字化转型探索高质量发展之路。

(1)数字建造基础平台实现集成管理:建立以项目为核心、多方参与的管理机制,实现以项目为核心的"人—项—企"集成。

(2)数字建造应用系统协同各项工作:通过整合各个应用系统,保证各项工作能够在应用系统中协同进行。

(3)数字建造软硬件工具为项目提效:应用5大类30余种软件和硬件,有效提升专业技术工作和项目数据采集效率,提高数字化、智能化管理水平。

4. 实施一体化建造

数字孪生与精益建造有效融合是工程目标实现的关键。基于数字孪生的工业化建造,出现数字和物理两条生产线,数字生产线可实现智能化的生产调度、物流调度、施工调度,物理生产线可实现对人员、机械、材料等各要素的实施感知、分析、决策和智能施工作业,让"工厂和现场一体化",从而实现价值最大化、浪费最小化目标。

基于数字孪生与精益建造,实现钢筋一体化、幕墙一体化、模板一体化、支吊架一体化、精装一体化、实测实量一体化,落地数字驱动的精益建造模式。以钢筋一体化为例,从GTJ算量模型、钢筋云翻样模型到钢筋配料单、智能自动加工、二维码跟踪统计一体化管理,使箍筋加工效率提升4倍,拉钩加工效率提升20倍,钢筋后台人员减少一半,材料用量计划准确度提升。再例如,幕墙一体化,实现从幕墙模型建立、幕墙工艺模型建立到加工图转换输出、工业化加工、现场装配一体化管理,综合进度提升60%以上,施工质量显著提升。

7.3.4 数字技术应用

1. BIM技术应用

在项目实施中BIM团队按照《建筑信息模型应用统一标准》《建筑信息模型施工应用标准》《建筑信息模型分类和编码标准》《建筑信息模型设计交付标准》《建筑工程设计信息模型制图标准》等标准规范指导BIM技术应用,实际创建的模型精度为LOD500,模型信息完整度均达到预期目标。

(1)深化设计阶段,本项目将基于节点的深化设计定义为精益管理的龙头,针对结构施工中大量下柱墩、多轴线、型钢柱等特点,进行节点级深化设计。

(2)在地下室施工阶段,共计出具深化设计图407张,将BIM模型分解后生成二维码,附加于深化设计图,施工现场即扫即查,从源头上用BIM的三维性能及工程量提取功能,指导复杂节点施工,确保一次成优。建立土方深化模型,同时利用三维扫描技术生成点云模型,点云模型与土方深化模型对比分析,及时反馈现场进行纠偏,开挖误差控制在5‰以内。

(3)基于土建算量模型,导入BIM钢筋云翻样软件进行钢筋深化,实现钢筋BIM精细化管理,料单科学规范,材料清单清晰,节约钢筋用量约16吨。同时将云翻样数据导入钢筋自动弯箍机,实现钢筋智能加工,推动现场局部工业化施工,实现BIM的模型及数据价值。利用钢筋深化模型及下料单,绘制钢筋深化设计图共245张,指导现场钢筋绑扎,保证施工质量。

(4)基于机电设计模型,对各功能空间进行分析,优化空间,共出具净高分析平面图12份,确保满足各功能区域净高要求、功能和美观等需求,将机电深化模型与土建深化模型整合后,分析管道路由,根据结构位置进行洞口提前预留,并出具预留预埋深化图纸42份,并由专人进行实测实量,避免后续施工剔凿现象发生。

(5)针对精装施工墙体、地面、天花进行节点级深化设计。精装施工阶段,共计出具深化设计图350张,将BIM模型分解后生成二维码,附加于深化设计图,施工现场即扫即查,指导复杂节点施工,确保精装修一次成优。

(6)建立数字化虚拟样品34个,标准化族库135个,模拟施工方案、工艺工法,明确复杂空间关系内的做法,实行可视化交底,有效解决钢骨柱、高支模体系、倒插筋护坡桩、中庭区域的装饰造型等施工重难点,增效项目施工管理。

2. 相关技术拓展应用

(1)无人机+倾斜摄影。在总平面管理方面,使用无人机倾斜摄影及数字合成技术,定期扫描生成三维数据,辅助对土方量的商务测算和对基坑的位移变形分析。扫描成果辅助施工组织,同时为工程建设保留三维进度资料,大幅提升管理可追溯性。全面掌控工程红线内外最新情况。

(2)3D+点云扫描。为确保实体质量,在基础、结构、装饰阶段,对重点区域结构实体采用激光三维点云扫描设备生成扫描模型,与BIM模型数字化复核,检查实体质量和偏差,为竣工模型交付奠定基础。

(3)BIM+VR。项目配置VR教育体验室,模拟25个质量安全创优场景。以"交互式"方式，强化作业人员质量安全意识，提升直观体验。

7.3.5 综合效果

该项目数字技术和管理平台的使用，让各参与方实现了协同交流，节省沟通成本，提升沟通效率，现场无纸化办公、云端数据传输等手段加快了现场查阅资料与审核进度的效率，同时显著提高了管理水平。

通过BIM技术应用引导项目智能化建造，精益思想指导项目精细化实施，节约投资约272万元，提升项目管理水平，丰富了精细化施工管理经验。工期缩短6.8%，管理人员投入减少5%，返工率减少80%，减少签证变更，协同能力提升50%，降低管理人员工作强度，提高精细化工作能力。

依托数据驱动的BIM应用，广联达（西安）数字建筑产品研发基地荣获中国建筑业协会2019第四届BIM大赛设计组一等奖、龙图杯2020第九届BIM大赛二等奖、陕西省建筑业协会2019秦汉杯BIM大赛综合组一等奖等多项荣誉。

广联达将广联达（西安）数字建筑产品研发基地建成了一座绿色节能、健康舒适、数字智能的特色大厦。广联达既做数字化的使能者，更是实践者，正是通过一座又一座自有楼宇的自建自营过程，深入探索和创新，率先大胆实践工程领域的新技术、新产品、新模式，找到和总结出真正行之有效的解决方案。项目先后被陕西省电视台新闻联播频道及多家媒体采访报道，迎接施工、监理、中介咨询、院校师生等152次、1 000余人次参观考察。该项目BIM技术、数字建造、数字平台等落地应用经验被大量推广，取得良好社会效益。

7.4 重庆广阳岛智慧生态一体化建设项目案例

7.4.1 项目背景

重庆广阳岛是长江上游最大的江心绿岛，以"长江风景眼、重庆生态岛"为价值定位，通过生态文明建设，打造生态文明思想集中体现地，长江经济带绿色发展示范区，两山理论实践创新基地。

广阳岛智慧生态一体化建设项目是广阳岛生态文明建设重点工程之一，是重庆市首批十大智慧名城重点应用场景开发项目之一。项目以减污、降碳、丰富生物多样性为出发点，以大气、水、土壤等生态环境要素为切入点，以5G、物联网、大数据等信息技术为支撑点，实现生态治理的可视化、可量化、可优化，打造"生态智治、绿色发展、智慧体验、韧性安全"的广阳岛。

广阳岛作为重庆主城区面积最大的江心绿岛，是西部大开发重要战略支点，是"一带一路"和长江经济带联结点的承载地。

7.4.2　解决方案

广联达秉承生态与智慧融合共生、绿色发展的新理念，通过智慧的生态化、生态的智慧化，创新智慧生态"双基因融合、双螺旋发展"理论，以基于数字孪生的生态信息模型（EIM）平台为依托，以生态指标体系为核心，构建生态监测网络，搭建以"生态中医院"为核心的生态管理系统，致力打造"智慧生态一体化解决方案"。方案实现生态智慧化管理与运营，实现生态治理的可视化、可量化、可优化。如图7-4所示。

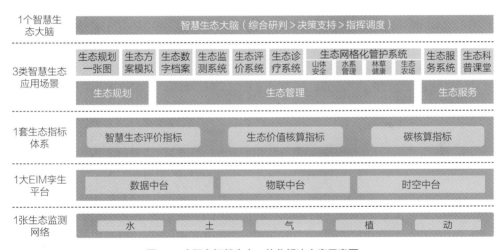

图7-4　广阳岛智慧生态一体化解决方案示意图

"智慧生态一体化解决方案"以智慧手段为支撑，通过建立新方法、新范式，开展科学的生态规划、高效的生态治理、优质的生态服务，让生态环境质量优良、生态系统健康、资源循环低碳，最终让人类的生态环境更加美好。

7.4.3　核心价值

该项目围绕广阳岛"长江风景眼、重庆生态岛"的基本定位，以推动广阳岛生态与智慧"双基因融合、双螺旋驱动"一体化发展为目标，构建涵盖"EIM时空中台+EIM物联中台+EIM大数据中台"的数字孪生平台，实现智慧生态、智慧建造、智慧观光、智慧管理等四大类智慧应用，以生态与智慧融合共生的"智慧生态"为绿色发展新理念，探索生态产品价值实现新路径、新模式、新机制，破解绿水青山转化、量化为金山银山"多元方程式"难题，从而提升广阳岛自然生态、人文生态和产业生态应用智慧化水平。

1）生态高效管理

通过引入山、水、林、田等不同领域20余个生态算法模型，突破山、水、林、田、湖等封闭的生态运营管理现状，创新多生态要素一体化、网格化生态管护体系，实现以算法驱动的管理驱动，支持区域生态高效可持续运营。

2）生态AI应用

融合昆虫识别、虫害识别、水调度、林草健康、农业生长、山体安全等生态算法模型，实现AI智能应用，支持动物在线识别、植物在线健康诊断、农作物产量预测、生态设施智能调度等。

3）数字孪生岛

建立集地上、地面、地下全域全要素的高精度、高仿真数字孪生模型，形成与实体生态城市同步孪生的数字生态岛，形成广阳岛数字化空间底座，为生态模拟推演、生态方案比选打下基础。

4）水资源智慧调度

基于岛内"九湖十八溪"水循环系统，建立水质分析、水量调度模型，实现水环境质量长效保持。

5）创新智慧生态理论

创新智慧生态"双基因融合，双螺旋发展"理论，搭建生态信息模型（EIM）体系，建立多对象智慧生态指标体系，研究生态算法模型，打造EIM数字孪生平台，支撑开展生态规划、生态治理和生态服务等应用。

6）生态健康动态评价

依托生态指标体系，实时汇集生态运营、建筑运维、生态设施运行数据，动态计算生态环境健康、生态管理效能、生态功能指数，实现广阳岛生态健康动态评价，生态环境问题进行快速诊断、追根溯源、智能分析等。

7.4.4 建设内容

广阳岛智慧生态一体化建设项目以生态信息模型（EIM）体系为基础支撑，实现空间数据、物联数据、业务数据等多数据统一管理、融合、调度、分发和展示。完成智慧生态、智慧建造、智慧观光、智慧管理、智慧生态大脑，运营中心及机房、5G基站、基础网络等应用，建设涵盖智慧展示中心、监测评价、指挥调度于一体的智慧管理中心，打造"长江智慧风景眼，重庆数字生态岛"。

该项目主要建设数字孪生支撑平台、智慧生态、智慧建造、智慧风景、智慧管理、智慧运营中心、新基建共7个系统，推动全岛生态修复各场景下业务和数据深度融合，建成"以生态信息模型为数字底座，以智慧生态＋智慧建造＋智慧风景＋智慧管理"为应用的智慧化体系，打造智慧生态生命共同体。

1. 数字孪生支撑平台

（1）EIM时空信息数据库：地形数据制作、二维电子地图数据制作以及互联网地图制作，对广阳岛9.6平方公里进行三维地形数据精细建模，修正生态精细化模型，二期新增设施三维精细逼真单体化建模，新增地下管网高逼真渲染模型。持续完善孪生岛二、三维数据建设工作，支持生态修复全过程仿真与场景构建。

（2）EIM物联中台：接入广阳岛智慧生态一体化建设项目新增物联设备设施。

（3）EIM大数据中台：通过在EIM大数据中台开发二期智慧生态、智慧建造、智慧风景、智慧管理、智慧生态大脑几大系统板块各子系统的数据接口，实现数据接入，通过中台的数据处理和分析功能，实现数据的处理和加工，从而对用户提供数据服务和数据支持。

2. 智慧生态

（1）生态指标体系：构建以碳排放量核算—电力碳排放、碳减排量核算—绿色建筑碳减排和碳汇核算—林木碳汇为评价指标的碳核算体系。

（2）生态数字档案：实现APP端现场二维码与各参与方的信息绑定，辅助现场实施工作。

（3）生态监测体系：包括扩展水系综合监测、林草健康监测、生物群落监测。

（4）生态评价系统：以生态指标评价与核算体系为理论支撑，依托生态评价与核算管理功能动态计算，实现对生态指标、核算价值进行实时评价、历史趋势分析以及统计分析。系统组成包括：生态评价综合展示、生态指标分析、生态环境指标分析、生态管理指标分析、生态功能指标分析和碳核算部分功能。

3. 智慧建造

（1）基于BIM的智慧建造体系：包括全过程记录数据采集，含周记录视频剪辑、生态建设变化动态监测。

（2）绿色建筑智慧运维管理系统：包括绿色建筑集成监控、建筑安全管理系统、建筑环境管理系统、建筑能源管理系统、建筑设施运维管理系统、基础数据管理及业务配置管理，以及资产数据库、运行数据库、能耗数据库、运维数据库在内的主题数据库建设。4个建筑弱电智能化系统接入。对国际会议中心、长江书院、大河文明馆、广阳岛绿色公司办公大楼的建筑及智能化设施运维模型加工。

4. 智慧风景

（1）广阳岛生态IP："岛民部落"互动社交平台，包括平台数据制作、平台功能开发。

（2）商业运营平台：包括信令数据服务购买、风景运营移动端、出行管理、游览管理。

（3）风景服务系统：建设广阳岛官网、线上广阳岛、智慧服务设施、人脸智慧服务系统四大系统模块，为广阳岛的对外宣传、上岛游客的服务体验，以及岛内的游客管理提供有力支撑。

（4）掌上广阳岛：包括游览服务、购物服务、专业语音制作、智能语音助手（广小阳）、服务接口，为游客提供一体化上岛服务。

5. 智慧管理

（1）智慧安全：包括建设智慧安防系统、固定式无人机防控系统。

（2）智慧办公：对办公室环境进行智能化改造，新建国资大数据监管系统和扩展数字化办公。

（3）智慧管理决策分析系统：针对广阳岛智慧生态一体化（二期）建设项目新增的设施设备和行业应用，增加事件、人员、设施设备的全面实时感知。同时，整合已建设的感知、管理数据，实现综合的监管、统计、分析。建设包括软件系统和设备点位采集与处理。

6. 智慧运营中心

智慧生态大脑包括广阳岛大脑系统、广阳岛综合展示系统、智慧广阳岛宣传片。

（1）广阳岛大脑系统：扩展管理驾驶舱、生态仪表盘（智慧建造、智慧风景、智慧管理）功能。

（2）广阳岛综合展示系统：围绕广阳岛生态建设全过程，整合政策、区位价值、生态修复等数据资源，通过可视化、可理解、可传播的方式，建设广阳岛讲解、对外展示的平台，更加有效的对广阳岛进行宣传。

（3）智慧广阳岛宣传片：要求涵盖智慧生态、智慧建造、智慧管理、智慧风景四大内容，为民众展示智慧广阳岛将来的美好生活，美好场景、美好生态，呈现出绚丽多彩的幸福画面。

7．新基建

（1）数据中心：包括数据中心IT基础设施、网络系统、安全体系和机房配套建设。

（2）IT运维系统：包括短信推送服务和域名服务。

（3）密码应用服务系统：构建起坚固的国产化密码体系，通过标准化、流程化、合规化的密码服务流程，实现OA系统、商业运营平台系统统一的密码安全管理，建成密码应用服务支撑平台。

（4）基础网络：包括汇聚设备、接入设备、次干光缆、接入配线光缆、基础配电设施和传输管道建设。

（5）IPv6演进改造：包括IPv4/6转换设备、安全设备双栈改造实施、网络设备双栈改造实施、应用系统双栈改造。

结束语

　　"数字建筑"的原生态概念起源于建筑设计。在全球新科技革命和新产业革命交汇作用的背景下，基于数字化技术能给建筑企业带来的价值和建筑业信息化、工业化融合发展趋势，广联达科技股份有限公司较早地提出了数字经济新语境下的"数字建筑"理念。以BIM、云计算、大数据、物联网、移动互联网、人工智能、区块链、元宇宙等为代表的新一代信息技术与传统建造技术的融合应用，使建筑产品设计过程、建造过程、运维过程的数字化成为现实，并以此推动建筑企业数字化变革。

　　置身于数字经济和建筑业高质量发展的大背景，数字建筑的概念具有多个维度的丰富内涵，基于数字建筑理念的系统性技术和方法，集成人员、流程、数据、技术和业务系统，实现建筑产品的全过程、全要素、全参与方的数字化、在线化、智能化，构建包含客户、项目、企业、政府监管的产业互联网平台新型生态体系，从而推动以新设计、新建造、新运维为特征的建筑产业转型升级。

　　在建筑产业数字化变革的浪潮中，建设单位、设计单位、施工单位等建筑产业链的各方主体和生态合作伙伴都将面临数字化转型的挑战。本书提出数字建筑理论体系的三重境界，以此为逻辑分析视角，阐述建筑产品数字化设计、建筑产品智能化建造、建筑产业互联网生态的内容和运行规律。以建筑产品数字化设计、智能化建造及建筑产业互联网生态为主线，涵盖政府、建设单位、设计单位、施工单位多个市场主体，贯通岗位、项目部、企业、行业多个层级的业务场景，讨论数字建筑架构体系、整体解决方案和实践案例。

　　习近平总书记在党的二十大报告中指出，高质量发展是全面建设社会主义现代化国家的首要任务。数字化转型是建筑业实现高质量发展的必由之路。建筑企业数字化转型是一个循序渐进的过程，必须树立系统性的思维，制定系统性的战略。建筑企业在发展理念、组织方式、业务模式和经营手段等方面要建立起从战略到执行的数字化转型落地闭环，以系统性数字化提升建筑企业的掌控力与拓展力，构筑在国内国际双循环新发展格局下的竞争新优势，推动建筑企业实现绿色低碳高质量发展。

面向"十四五"乃至更长的历史发展时期，在以中国式现代化全面推进中华民族伟大复兴、全面建成社会主义现代化强国、实现第二个百年奋斗目标的新征程，数字化转型和双碳目标约束都将倒逼传统建筑业打造新赛道、走出新路径。无论是从绿色建筑、数字建筑、装配式建筑的产品功能属性，还是从绿色建造、智能建造、装配式建造、增材建造（3D打印）的产品工艺属性，传统建筑业难以拓展更大的成长空间。从建筑产品全寿命期、全产业链、全供应链、全价值链角度重构建筑产业成为重要的战略选项。通过整合《国民经济行业分类》GB/T 4754—2017中的建筑业和工程技术服务业，重新定义建筑产业为"以提供完整的、符合需求的建筑产品为核心，围绕建筑产品形成过程的直接相关组织构成的集合体"。建筑产业覆盖建筑产品立项、设计、采购、施工、运维、咨询服务等全寿命期。

中共中央、国务院在《数字中国建设整体布局规划》中强调，要全面提升数字中国建设的整体性、系统性、协同性，促进数字经济和实体经济深度融合，以数字化驱动生产生活和治理方式变革，为以中国式现代化全面推进中华民族伟大复兴注入强大动力。在这个进程中，数字建筑理论体系和实践方案必将为建筑业高质量发展谱写更加辉煌的精彩乐章。

参考文献

[1]   袁烽，张立名. 砖的数字化建构[J]. 世界建筑，2014（7）：26-29.

[2]   袁烽，胡雨辰. 人机协作与智能建造探索[J]. 建筑学报，2017（5）：24-29.

[3]   陈玉婷，潘文特，岳超. 机械臂装配在模块化建筑中的设计方法研究[C]//数字建构文化——2015年全国建筑院系建筑数字技术教学研讨会论文集. 2015：158-162.

[4]   张烨. 智能建造引导下的建筑设计[C]//数字技术·建筑全生命周期——2018年全国建筑院系建筑数字技术教学与研究学术研讨会论文集. 2018：427-431.

[5]   梅玥. 基于数字技术的装配式建筑建造研究[D]. 北京：清华大学，2015.

[6]   马立. 基于并行工程的当代建筑建造流程研究[D]. 天津：天津大学，2016.

[7]   杨丽，张冠增. 建筑行业数字技术发展的几点思考[J]. 建筑经济，2009（S1）：36-39.

[8]   樊骅. 信息化技术在预制装配式建筑中的应用[J]. 住宅产业，2015（8）：61-66.

[9]   夏海兵，辛佐先，熊诚，等. BIM技术在PC住宅全生命周期中的应用[J]. 施工技术，2013，42（S2）：157-160.

[10]   李天华，袁永博，张明媛. 装配式建筑全寿命周期管理中BIM与RFID的应用[J]. 工程管理学报，2012，26（3）：28-32.

[11]   裴卓非. BIM技术与物联网在施工阶段的应用[J]. 建材技术与应用，2013（1）：60-62.

[12]   王要武，吴宇迪，薛维锐. 基于新兴信息技术的智慧施工理论体系构建[J]. 科技进步与对策，2013，30（23）：39-43.

[13]   王晨. 建筑业基于BIM的物联网技术应用[J]. 房地产导刊，2015（6）：65-68.

[14] 孙玉芳，吴霞，何孟霖，等．基于BIM+物联网技术的装配式建筑全过程质量管理研究[J]．建筑经济，2021（5）：58-61．

[15] 康渊泉．BIM技术在建筑工程质量监管中的有效应用[J]．价值工程，2018（33）：163-165．

[16] 郑玉梅．基于BIM的政府质量安全监管模式的应用研究[J]．土木建筑工程信息技术，2022（2）：134-140．

[17] 黄起，刘哲，武鹏飞，等．政府公共工程管控的BIM探索与实践[J]．中国勘察设计．2022（1）：22-25．

[18] YOU Wan, LU Bin Bin, The Study on the Operation Mechanism of Prefabricated Construction Business Model Based on Industry Internet[C]//Proceeding of The 3rd Academic Conference of Civil Engineering and Infrastructure Research (EI), 2016: 1039-1044.

[19] 丁烈云．数字建造导论[M]．北京：中国建筑工业出版社，2019．

[20] 李久林．智慧建造理论与实践[M]．北京：中国建筑工业出版社，2015．

[21] 毛志兵．建筑工程新型建造方式[M]．北京：中国建筑工业出版社，2018．

[22] 吴涛，尤完，等．建筑产业现代化背景下新型建造方式与项目管理创新研究[M]．北京：中国建筑工业出版社，2018．

[23] 叶浩文．一体化建造——新型建造方式的探索和实践[M]．北京：中国建筑工业出版社，2019．

[24] 赵金煜，尤完．基于BIM的工程项目精益建造管理[J]．项目管理技术，2015（4）：65-70．

[25] 尤完，等．建设工程项目精益建造理论与应用研究[M]．北京：中国建筑工业出版社，2018．

[26] 尤完．建筑业企业商业模式与创新解构[M]．北京：经济管理出版社，2017．

[27] 袁正刚．系统性数字化转型推动建筑产业高质量发展[J]．绿色建造与智能建筑，2023（2）：4-7．

[28] 王静田，付晓东，数字经济的独特机制、理论挑战与发展启示[J]．重庆工商大学学报，2020（6）．

[29] 国务院关于印发"十四五"数字经济发展规划的通知，http://www. gov. cn/zhengce/zhengceku/2022-01/12/content_5667817. htm

[30] 倪江波，等．中国建筑施工行业信息化发展报告（2015）——BIM深度应用与发展[M]．北京：中国城市出版社．2015．

[31] 马智亮．追根溯源看BIM技术的应用价值和发展趋势[J]．施工技术，2015，44（6）：1-3．

[32] 赵昕，等．中国建筑施工行业信息化发展报告（2016）——互联网应用与发展[R]．北京：中国城市出版社．2016．

[33] 李香玉. 深圳平安金融中心项目基于BIM的数字化建造：行业"互联网+"先行者[J]. 施工企业管理，2015（7）：61-66.

[34] 石伊佩. 智能化数字建筑中游牧空间的应用研究[D]. 北京：北方工业大学，2020.

[35] 林康强. 面向数字建筑的结构形态协同设计研究[D]. 广州：华南理工大学，2020.

[36] Kolarevic Branko. Architecture In the DigitalAge: Design and Manufacturing [M]. London: Spon Press, 2003

[37] Jesse Reiser, Nanako Umemoto. Atlas of Novel Tectonics[M]. New York:Princeton Architecture Press, 2006

[38] Patrik Schumacher. The Autopoiesis of Architecture: A New Framework for Architecture[M]. Wiley (1 edition), January 18, 2011

[39] Kostas Terzidis. Algorithmic Architecture[M]. Britain: Elservier Ltd, 2006.

[40] 徐卫国. 参数化建筑设计过程及算法找形[C]//中国建筑学会建筑师分会2010学术年会论文集. 北京：中国建筑工业出版社，2010：1-4.

[41] 徐卫国. 参数化设计与算法生成[J]. 城市环境设计，2012（1）：250-253.

[42] 袁烽. 数字化结构性能生形研究[J]. 西部人居环境学刊，2014，29（6）：6-12.

[43] 程琳. 建筑工业化与信息化融合发展应用研究[D]. 长春：长春工程学院，2019.

[44] 贾美珊. 智慧工地建设影响因素分析及改进建议研究[D]. 济南：山东建筑大学，2020.

[45] 黄达. 某EPC项目基于BIM的智慧工地建设与综合效益评价研究[D]. 广州：华南理工大学，2020.

[46] 刘晓惠. 基于精益管理的装配式建筑智慧化管理体系研究[D]. 西安：西安建筑科技大学，2020.

[47] 周瑞. 基于BIM的装配式建筑智慧建造过程研究[D]. 长春：吉林建筑大学，2019.

[48] 本书编委会. 建筑业的破局之法——信息化标杆案例[M]. 北京：中国建筑工业出版社，2020.

[49] 王铁宏. 建筑产业转型升级与哲学思辨[M]. 北京：中国建筑工业出版社，2020.

[50] 广联达科技股份有限公司. 新设计、新建造、新运维——2018数字建筑白皮书[R].

[51] 广联达科技股份有限公司. 建筑产业数字化转型：新范式、新动能、新方略——2019数字建筑白皮书[R].

[52] 广联达科技股份有限公司. 数字建筑平台：构筑数字化转型新基建——2020数字建筑白皮书[R].

[53] 袁正刚. 产业互联网助推智慧建造健康发展[C]//第十一届中国智慧城市建设技术研讨会暨设备博览会智慧城市高峰论坛，北京，2016.

[54] 袁正刚. 数字项目管理（BIM+智慧工地）平台助力智能建造方向[C]//2019中国（重庆）国际智能产业博览会智能建造暨建筑业大数据应用高端论坛，重庆，2019.

[55] 袁正刚. 数字建筑提升企业竞争力[C]//第十四届工程建设行业信息化高峰论坛暨信息化成果展示交流会，郑州，2018.

[56] 袁正刚. 构建建筑业大数据，赋能产业转型升级[C]//2019中国国际大数据产业博览会建设工程数字经济论坛，贵阳，2019.

[57] 袁正刚：数字建筑推动建筑产业高质量发展[EB/OL]. http://xjz.glodon.com/f/view-11-09c85208813d43639ccb6c1976933ece. html

[58] 刘刚. 数字化转型构筑建筑企业数字竞争力[J]. 中国建设信息化，2020（14）：44-49.

[59] 刘刚. 数字建筑平台构筑产业数字化转型"新基建"[J]. 中国勘察设计，2020（10）：31-34.

[60] 王勇，刘刚. 建筑产业互联网赋能建筑业数字化转型升级[J]. 住宅产业，2020（9）：27-30.

[61] 李晓军. 智能建造"三化"演进与建筑工业化协同发展[J]. 施工企业管理，2022（11）：72-75.

[62] 李晓军，陈晓峰. 未来10年建筑业转型的逻辑与重构[J]. 中国建设信息化，2020（16）：26-29.